W0388426

echt clever!

GENIALE ERFINDUNGEN

aus

SACHSEN-ANHALT

Wartberg Verlag

IMPRESSUM

1. Auflage 2018
Alle Rechte vorbehalten, auch die des auszugsweisen Nachdrucks und der fotomechanischen Wiedergabe.
Gestaltung und Satz: r2 | Ravenstein, Verden
Druck: Druckerei Uhl GmbH & Co. KG, Radolfzell
Buchbinderische Verarbeitung: Buchbinderei S. R. Büge, Celle
© Wartberg-Verlag GmbH
D - 34281 Gudensberg-Gleichen • Im Wiesental 1
Telefon: +49 (0) 056 03/9 30 50
www.wartberg-verlag.de
ISBN: 978-3-8313-2999-1

BILDNACHWEIS

Umschlag:
oben links: Pressebilder Opel Automobile GmbH; oben rechts: frischli Milchwerke GmbH; unten links: Halloren Schokoladenfabrik AGS; unten rechts: pixabay

Innenteil:
pixabay: S. 7, 15, 16, 19, 27, 28,34, 40, 56, 68, 84, 85, 87, 91; wikipedia/Stadtbibliothek Duisburg, Britta Lauer: S. 9; Rosenstadt Sangerhausen GmbH: S. 10, 11; picture alliance-Hendrik Schmidt/dpa-Zentralbild/ZB: S. 13; picture alliance-dpa-Zentralbild:S. 17; Neue Fruchtbringende Gesellschaft u Köthen/Anhalt e.V.: S. 20, 22; Deutsches Museum, München, Pressebilder: S. 25, 36, 92, 93, 94; Universitätsmedizin Halle (Saale), Zentrale Fotostellen/Dorothea Erxleben Lernzentrum: S. 29, 31; Mona Buchmann, Peter Kaßler, www.kassler-laufrad.de (Fotos im Bestand des Germanischen Nationalmuseums Nürnberg): S. 32, 33; Gartenträume Sachsen-Anhalt e.V.: S. 39; Wikimedia: Foto H.- P. Haack: S. 42; Siemens Corporate Archives: S. 43; Salka Schallenberg: S. 46; Dr. W. Rathgen, ICLG e.V.: S. 48, 49; KWS SAAT SE Presse: S. 52 li; Börde-Museum, Burg Ummendorf, Slg. Martin Merbst: S. 52 re; J. Hoefft, Landkreis Börde: S. 53; Jacqueline Bechler: S. 54, 55; Dr. Ludwig Martins, Gruson-Gewächshäuser: S. 57; Archiv der Grusson-Gewächshäuser: S. 58; Wiki-Tremlin: S. 59; Wikipedia/Ralf Lotys: S. 61; Harald Schottner/pixelio: S. 63; Wikipedia/Timo Beil/Norbert Schnitzler: S. 65; Wikipedia/M_H.DE: S. 71; Wikipedia/Klewic: S. 72, 73; Pressebilder Opel Automobile GmbH: S. 75, 76; Wikipedia/Heino Rhoden: S. 78; ullstein bild-Süddeutsche Zeitung Photo: S. 79 li, 88; ullstein bild: S. 79 re, 95, 96; Enka Tecnica GmbH, Heinsberg: S. 80, 81; Wikipedia/ Olaf2: S. 82; Wikipedia/Krimidoedel: S. 89; Archiv Industrie- und Filmmuseum Wolfen: S. 97-100; Halloren Schokoladenfabrik AGS: S. 102; Wikana Keks und Nahrungsmittel GmbH: S. 104; Stadtarchiv Stendal, Broschüre (Salka Schallenberg): S. 105; wikipedia Fotograf Fiver, der Hellseher: S. 106; Wikipedia/LutzBraun: S. 107; Henkel AG & Co KGaA, Düsseldorf: S. 108, 109; frischli Milchwerke GmbH: S. 110, 111; Pressefoto Europäische Patentorganisation: S. 113; MediGlove (c) Philipp Roesler: S. 115, 116; Burg Giebichstein, Kunsthochschule Halle, Foto Marco Warmuth: S. 117; ullstein bild-ddp: S. 118; Otto-von-Guericke-Universität, Universitätsklinik für Neurologie, Magdeburg: S. 119

Wir danken allen Lizenzträgern für die freundliche Abdruckgenehmigung. In Fällen, in denen es nicht gelang, Rechtsinhaber an Abbildungen zu ermitteln, bleiben Honoraransprüche gewahrt.

VORWORT

Entdecker, Erfinder, Visionäre, Wissenschaftler, Liebhaber der schönen Künste und Ingenieure, davon lebten viele in der Region des heutigen Sachsen-Anhalt. Von der Altmark und der Börde im Norden, über den Harz im Südwesten bis hin zur Region Anhalt – dieses Land ist vielfältig.

Haben Sie gewusst, dass es bereits im 17. Jahrhundert ein analoges Facebook gab? Mit ihren 890 Mitgliedern war eine Sprachakademie aus Köthen die größte literarische Gruppe des Barock. Aber auch der Meister der vertonten Ballade Carl Loewe hinterließ Spuren. „Am Brunnen vor dem Tore, da steht ein Lindenbaum." Singen kann diese Liedzeile aus Schuberts Winterreise wohl jeder. Der Dichter selbst ist eher unbekannt. Erste Flugversuche, sei es mit einem Raketenauto auf Schienen, einer Pilotenrakete oder mit einem Dreidecker-Flugzeug – die Ingenieure wagten Unglaubliches. Auf der Leipziger Messe 1852 bot der Zeitzer Stellmacher E. A. Naether einen Kinderziehwagen an. Aber auch die Süße für die Leckereien kommt aus dem Gebiet des heutigen Sachsen-Anhalt. 1838 wurde in der Börde die erste Zuckerfabrik in Betrieb genommen und den Süßstoff Saccharin hat ein Chemiker entdeckt. Der Erfindergeist in dieser Region lebt bis heute. Neugierig geworden? Kommen Sie mit auf eine spannende Reise durch die Jahrhunderte!

Salka Schallenberg

INHALT

Das deutsche Stonehenge

RINGHEILIGTUM PÖMMELTE

Der Steinzeitkult an der Elbe ist über 4000 Jahre alt. In seinem Zentrum steht das Ringheiligtum Pömmelte in Zackmünde, eine Kirche der Vorzeit mit einem Durchmesser von ca. 115 Metern. Pömmelte gleicht im architektonischen Aufbau der berühmten britischen Anlage Stonehenge. Allerdings sind es nicht riesige Steine, die das Rondell gestalten, sondern Baumstämme.

1991 mithilfe der Luftbildarchäologie entdeckt, untersuchten Wissenschaftler der Martin-Luther-Universität Halle-Wittenberg und des Landesamtes für Denkmalpflege und Archäologie Sachsen-Anhalt das Ringheiligtum. Nach der Rekonstruktion erhielt die Kultstätte ihre fehlenden Baumstämme zurück. 2016 wurde das Ringheiligtum offiziell eröffnet. 1200 Robinienstämme, teils farbig und teilweise mit Querbalken verbunden, zieren den Opferplatz, die Begräbnisstätte und den Ort jahreszeitlicher Feste. Zahlreiche Zeugnisse komplexer Rituale und Opferhandlungen, die einzigartig sind, konnten die Archäologen finden. Die beiden Haupttore orientieren sich an den Punkten des Sonnenauf und -untergangs der Tage zwischen den Sonnenwenden und Tagundnachtgleichen. Die Schachtgruben von Pömmelte, die für religiöse Rituale genutzt wurden, sind einzigartig.

Die Anlage Pömmelte besteht aus Holz mit sieben Ringen aus Palisaden, Gräben und Wällen.

Auf seinem Gang über das Gelände erhält der Besucher über Tafel Informationen, die im Ausstellungsbereich zum Ringheiligtum vertieft werden. (www.salzlandkreis.de/bildungskultur/kreismuseum)

Ein weiterer markanter Ort ist Goseck mit dem Sonnenobservatorium im Süden des Landes. Hier lässt sich innerhalb der riesigen Anlage der Lauf der Sonne beobachten.

Wer auf den „Himmelwegen“ wandeln will, kann dies per Rad, Auto und Bahn tun. Das Land Sachsen-Anhalt bietet ein passendes touristisches Konzept. Mehr zu den einzelnen Angeboten finden Interessierte im Internet unter www.himmelswege.de

Ein osteuropäischer Gerichtshof

MAGDEBURGER RECHT

Der „Sachsenspiegel“, verfasst im 13. Jahrhundert, gilt als das erste Prosawerk in deutscher Sprache. Zugleich ist es eines der ältesten Rechtsbücher, geschrieben auf der Burg Falkenstein im heutigen Sachsen-Anhalt.

Magdeburg an der Elbe lag grenznah und war schon früh ein Ort des Handels: Im Diedenhofener Kapitular von 805, Quelle der erstmals urkundlichen Erwähnung, ist vom Handel mit den Slawen an der Grenze des Fränkischen Reiches zu lesen. Unter Kaiser Otto I. wurde Magdeburg zu einem Zentrum weltlicher und kirchlicher Macht ausgebaut. Dies, aber auch die Christianisierung der slawischen Gebiete und die Zunahme des Handels mit Kaufleuten weit im Osten, förderte die Entwicklung. Bereits ab 1130 gab es in Magdeburg ein Stadtrecht.

Das mit den Privilegien des Erzbischofs Wichmann 1188 verliehene Magdeburger Stadtrecht hatte gemeinsam mit Eike von Repgows „Sachsenspiegel“ einen bedeutenden Einfluss auf die mittelalterliche Rechtssprechung im ganzen Reich. Im Magdeburger Recht finden sich Regelungen zum Kaufmannsrecht, zum Ehegüter- und Erbrecht sowie zum Strafrecht.

Sachsenspiegel-Handschrift von 1385 (Schwesterhandschrift des Harffer Sachsenspiegels), Stadtbibliothek Duisburg.

Sogar fortschrittliche Gesetze wie die Abschaffung der Sippenhaft sind niedergeschrieben. Alles in allem wurde die Prozessführung vereinfacht. Für die Bürger hieß das mehr Rechtssicherheit und gewisse Garantien auf persönliche Freiheit, Eigentum und freien Handel.

Von Braunschweig über Stendal, Goslar, Halberstadt, Halle, Leipzig bis Dresden findet das Magdeburger Recht seine Verbreitung. Gemeinsam mit dem Sachsenspiegel gelangt es bis weit nach Osteuropa wie Prag, Leitmeritz, Warschau, Posen oder Kiew sowie in verschiedene russische Städte bis nach Nowgorod. Der Magdeburger Oberhof mit seinen Schöffen fungiert über Jahrhunderte als führende Instanz der Rechtssprechung. Die Städte des Magdeburger Rechts konnten um Rechtsauskunft nachsuchen (Rechtszug nach Magdeburg). Der Magdeburger Schöffenstuhl verschickte Hunderte von Rechtsauskünften sogar bis nach Mittel- und Osteuropa. Ebenso weit verbreitet war die Magdeburger Schöffenchronik, eine Art Nachschlagewerk.

Bereits seit der Reformation bauten verschiedene Landesherren nach und nach eigene Gerichtshöfe auf, um die überregionale Interpretationshoheit Magdeburgs zu stoppen. Mit der Zerstörung Magdeburgs 1631 während des Dreißigjährigen Krieges verlor der Oberhof endgültig seine zentrale Bedeutung für die östlichen Länder. Auch wenn die umfangreiche Schöffenchronik verbrannte, das Magdeburger Recht hatte zum Teil bis ins 19. Jahrhundert Geltung. Es steht für bürgerliche Freiheiten und städtische Selbstverwaltung.

Glück auf!

KUPFERSCHIEFERBERGBAU

Die Schachttorte aus dem Mansfelder Land gehört bis heute zu den regionalen Festen.

Schon um 1200 begann im Mansfelder Land die Zeit des Bergbaus. Es waren wohl die Bergknappen Nappian und Neucke, die im Jahr 1199 in Hettstedt erstmals Kupferschiefer im Mansfelder Land fanden. Schnell zeigte sich, dass mit dem Kupferschiefer unterschiedlichste Metalle wie Kupfer und Silber gewonnen werden konnten. Aus dem Kupfer konnten die Menschen Werkzeuge und Gegenstände für den täglichen Gebrauch herstellen. Im Mittelalter waren Silber als Münzmetall und Schwarzkupfer sehr begehrt, wobei die Verhüttung des Kupferschiefers sehr aufwendig war. Während des Dreißigjährigen Krieges kam der Bergbau zum Erliegen. Mit der industriellen Revolution wurde der Bergbau wieder vorangetrieben und vor allem modernisiert. 1785 ging bei Hettstedt die erste deutsche Dampfmaschine Watt'scher Bauart in Betrieb, so konnten die Stollen besser entwässert werden. Doch dazu später mehr.

Das ehemalige Kupferschiefer-Bergwerk Röhrigschacht erhält die Traditionen des Mansfelder Kupferschieferbergbaus. Zum „ErlebnisZentrum Bergbau Röhrigschacht Wettelrode“ gehört ein Bergbaumuseum mit Schaubergwerk. Hier steht auch das älteste Fördergerüst Europas.

Die Nutzung des elektrischen Stroms und die Entdeckung des Ohmschen Gesetzes 1826 gaben der Förderung des Kupfers neue Perspektiven. So waren die ersten Telegrafenleitungen, die Werner von Siemens 1847 verlegte, aus Kupfer. Als er 1866 den Dynamo erfand, konnte Strom nun preiswert und ausreichend produziert werden. Industrie und Handel benötigten in der Folge immer mehr Kupfer.

Ab 1880 war eine Schmalspurbahn das wichtigste Transportmittel des Kupferreviers. Noch heute ist sie als Museumsbahn in Betrieb, eine der ältesten in Deutschland. In dieser Zeit stieg das Interesse an Schwefeldioxid, eigentlich ein Abfallprodukt, das man für die Munitionsherstellung benötigte. Aber damit nicht genug, auch das 20. Jahrhundert zeigte, wie wichtig der Abbau des Kupferschiefers für die Industrie ist. Seien es Elektrolytkupfer zum Beschichten von Metallen oder die Metalle Molybdän und Cobalt, die dem Stahl höhere Festigkeit und Temperaturbeständigkeit verleihen. Schwefelsäure wurde für die Produktion von Düngemitteln genutzt.

Die „Mansfelder Schlackensteine“, blau-graue Kupferschlackewürfel, wurden in den ersten drei Jahrzehnten des 20. Jahrhunderts zum Straßenbau verwendet und in Wohnhäusern, Garagen, Gartenmauern und Ställen verbaut. In der Stadt Barby verlegte man sie sogar flächendeckend. Zu DDR-Zeiten stellte das VEB Mansfeldkombinat „Wilhelm Pieck“ die Steine für den Straßenbau und zur privaten Verwendung her. Eigentlich ein Nebenprodukt, aber sehr vielseitig einsetzbar.

Mit der Zeit sank der Kupfergehalt im Erz, Wassereinbrüche führten zu steigenden Kosten. Der Bergbau und die Verhüttung wurden mehr und mehr unwirtschaftlich. Am 10. August 1990 förderten die Bergleute den letzten Wagen mit Kupfererz aus den Schächten des Reviers Sangerhausen. In der Mansfelder Mulde existierten über 1000 und im Sangerhäuser Revier 270 Schächte. Mehr als 800 Jahre Kupferschieferbergbau prägten das Leben der Menschen in der Region um Sangerhausen, Eisleben und Hettstedt. Überall in der Kultur und in der Landschaft finden sich bis heute Spuren. Geblieben sind die weithin sichtbaren Kegelhalden, sowie zahlreiche Kultur- und Industriedenkmale. Inmitten der historischen Bergbaulandschaft ist eines der ältesten stählernen Schachtfördergerüste Europas, errichtet 1888, zu finden.

Zahlreiche Vereine betreiben Traditionspflege. So wird jährlich der „Tag des Bergmanns“ auf dem Röhrigschacht begangen. Höhepunkt des Festes ist das musikalische „Glück Auf!“ für die Bergleute, gesungen von den Chören der Region. Aber auch das Schachtkuchenfest mit musikalischer Umrahmung, jährlich gefeiert im „ErlebnisZentrum Bergbau Röhrigschacht“, ist sehr beliebt.

Die Bergleute mögen nämlich Kuchen und die zahlreichen Rezepte gaben die Familien von Generation zu Generation weiter.

ErlebnisZentrum Bergbau
Röhrigschacht Wettelrode
www.roehrigschacht.de

Mansfelder Bergwerksbahn
www.bergwerksbahn.de

Mansfelder Berg- & Hüttenleute e.V.
www.vmbh-mansfelder-land.de

Mansfeld-Museum Hettstedt
www.mansfeld-museum.hettstedt.de

Ein Mönch räumt auf

LUTHERS REFORMATION

Das Lutherdenkmal in Eisleben. Im Hintergrund die St. Andreaskirche, in der Martin Luther eine seiner letzten Predigten hielt.

31. Oktober 1517 Wittenberg, Schlosskirche: ein großer Auflauf von Menschen. Es ist ungeheuerlich, was geschehen ist. An der Schlosskirche hat jemand ein Papier mit 95 Thesen angenagelt. Tumult kommt auf, obwohl nur wenige lesen können, was da steht. „Jeder Christ, der wirklich bereut, hat Anspruch auf völligen Erlass von Strafe und Schuld, auch ohne Ablassbrief." Keinen Ablass zahlen? Alle sind entsetzt!

So könnte es sich zugetragen haben, wobei die Geschichte selbst historisch nicht belegt ist. Sei's drum. Öffentliche Aushänge zumindest waren typisch für die Frühe Neuzeit. Wie heute die Fernsehnachrichten, nur ohne bewegte Bilder.

Die Menschen glaubten, durch den Kauf eines Ablassbriefes von ihren Sünden befreit zu sein. Für die katholische Kirche ein lohnendes Geschäft, denn wer hatte keine Angst vor dem Fegefeuer. Mit dem teilweise überteuerten Ablass konnten die Christen sich einen guten Platz im Himmel sichern, selbst für Verwandte. Für die Kirche, die das Geld einnahm, eine sichere Einnahmequelle, um zum Beispiel den Petersdom in Rom zu bauen. Die verweltlichte Kirche mit dem Papst und ihren Bischöfen lebte wie Fürsten in Prunk und Pracht. Martin Luther verlangte nicht mehr und nicht weniger als eine Reform der katholischen Kirche und ein Ende des Ablasshandels. Die Menschen sollten sich nicht freikaufen, sondern endlich Buße tun.

In diesen bewegten Tagen erfand Johannes Gutenberg in Mainz den Buchdruck. Manuskripte, die bisher sämtlich per Hand abgeschrieben werden mussten, konnten nun mit Druckmaschinen effektiv und vor allem schnell vervielfältigt werden. Für Luther und seine Ideen, festgehalten in 95 Thesen, ideal. Der Buchdruck machte die Reformation zur Medienrevolution.

Geboren am 10. November 1483 in Eisleben als Martin Luder, wuchs er später in Mansfeld auf. Seine Familie lebte vom Kupferschieferbergbau, der Vater war Hüttenmeister. In der Schule in Mansfeld und später an der Magdeburger Domschule lernt Luther Latein, Schreiben, Lesen und Musizieren. Der Vater sieht für seinen Sohn ein Jurastudium vor, Theologie aber ist es, die den jungen Mann früh begeistert, und so schlägt er die kirchliche Laufbahn ein und wird Mönch. Später studiert Martin Luther an der Universität in Wittenberg Theologie. Er ist der Lehre des christlichen Glaubens tief verbunden, aber eine Reise nach Rom zeigt ihm, wie es wirklich um die Kirche bestellt ist.

Soziale Gerechtigkeit und Bildung

Soziale Gerechtigkeit war Luther ein großes Anliegen. Statt berufsmäßiger Bettelei sollte sich jede Gemeinde um die Bedürftigen kümmern. 1521 entwarf

Luther die Idee einer modernen Versorgungskasse. In der Pfarrkirche sollten fortan in einem Kasten Almosen gesammelt werden. Das Prinzip fand schnell Anhänger, so in der Reichsstadt Nürnberg, aber auch die Leisniger Kastenordnung von 1523 basiert auf Luthers Idee. In der Magdeburger Ordnung gab es einen Kasten, in dem alles gesammelt wurde, was so anfiel: Güter der Geistlichkeit, der Stiftungen, Spenden usw. Aus dieser Art Versorgungskasse konnten nicht nur Bedürftige Geld erhalten, sondern auch Angestellte der Gemeinde und arme Handwerksleute unterstützt werden.

Luther forderte Bildung für alle. Weite Teile der Bevölkerung konnten weder lesen noch schreiben. Wie also sollten sie die Bibel

Luther übersetzte die Bibel ins Deutsche.

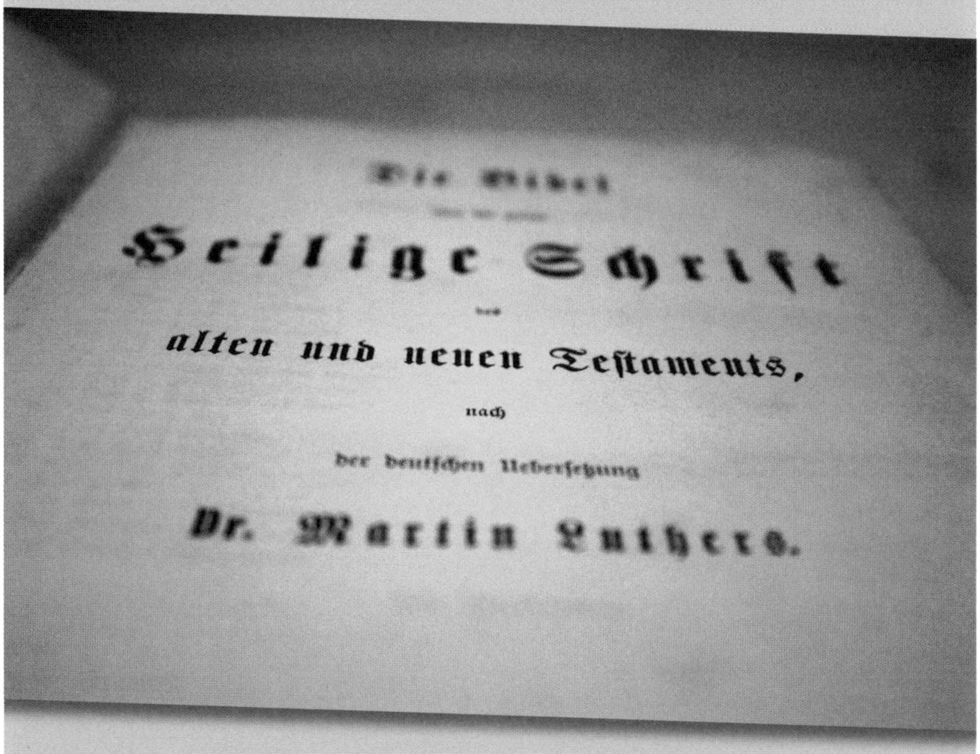

selbst lesen und verstehen? 1524 wandte sich Martin Luther „An die Burgermeister und Ratherrn allerlei Städte in deutschen Landen, daß sie christliche Schulen aufrichten und halten sollen“. Zunächst gab es überwiegend Drucksachen und Bücher, die Geschichten in Bildern und Worten erzählten. Viele Landesherren, die Luther folgten, richteten Schulen nach protestantischem Vorbild ein. In Magdeburg hatte das altstädtische Gymnasium schnell einen guten Ruf. Es war Ausbildungsort junger Prediger, Räte und Lehrer zur Verbreitung der Lehren Luthers.

Einen weiteren gesellschaftlichen Wandel leitete die Aufhebung des Zölibats ein. Die Pfarrersfamilie und das Pfarrhaus erhielten eine allgemeine Vorbildfunktion,

Die Schlosskirche von Wittenberg.

und das sollte in den darauffolgenden Jahrhunderten auch so bleiben.

Luther geriet zunehmend unter Druck, widersetzte sich aber der Forderung, zu widerrufen. Der Rest ist schnell erzählt: 1521 folgte das Wormser Edikt, in dem die Reichsacht über ihn verhängt wurde. Seine Werke wurden verboten und seine Schriften durften nicht verbreitet werden. Auf dem Heimweg vom Reichstag passierte etwas Ungeheuerliches. Im geheimen Auftrag seines Landesherrn, des Kurfürsten Friedrich von Sachsen, verschwand Martin Luther. Auf der Eisenacher Wartburg tauchte er als Junker Jörg unter – hier konnte er in Ruhe die Bibel in die deutsche Sprache übersetzen.

Das Geburtshaus Martin Luthers ist heute Museum.

1522 war das Land in Aufruhr. Bilderstürmer zerstörten Kirchen, vor allem Figuren und Bildnisse von Heiligen. Luther kehrte zurück nach Wittenberg und versuchte die Unruhen zu beenden. Es folgten schwierige Jahre. Im Zuge der Reformation spaltete sich die Kirche in Katholiken und Protestanten. Die Zeit der Glaubenskämpfe brach an. Als Luther am 18. Februar 1546 in Eisleben starb, sollen über 4000 Trauernde in der St. Andreaskirche Abschied von ihm genommen habe.

Unseres Herrgotts Kanzlei

DAS PROPAGANDAZENTRUM

Der 31. Oktober 1517 ging mit dem Thesenanschlag Luthers in Wittenberg als Beginn der Reformation in die Geschichte ein. Magdeburg ließ sich ganz und gar von Luthers Lehren begeistern. Nikolaus von Amsdorf, Pfarrer der Ulrichskirche und Superintendent der Stadt, machte Magdeburg zu einer Hochburg des Luthertums. Die reiche und selbstbewusste Stadt hatte bereits um 1500 den Anspruch, eine freie Reichsstadt zu sein. Kritik an der Kirche war allgegenwärtig und der Kampf gegen Kaiser und Papst begann. Die Domherren der Stiftskirche St. Sebastian sowie St. Nicolai und St. Gangolphi und die Klöster der Franziskaner, der Dominikaner und der Prämonstratenser verweigerten sich und blieben katholisch.

Als Mitglied im Schmalkaldischen Bund verteidigte Magdeburg seinen Glauben über die Niederlage nach dem Schmalkadischen Krieg 1546/47 hinaus. Selbst dem Interim von 1548, der von Kaiser Karl V. angeordneten Rückkehr zu katholischen Glaubensvorschriften, trotzte Magdeburg und war so ein beliebter Ort für Glaubensflüchtlinge. Der Rat der Magdeburger Altstadt trieb es auf die Spitze und ordnete die Schließung des katholischen Doms an.

Drucken statt Abschreiben: Johann Gutenbergs Erfindung war der Motor der Reformation.

Der Kaiser ließ die Stadt 1550 für fast ein Jahr belagern, aber die Magdeburger widersetzten sich. Mit dem Buchdruck, der sich seit dem 15. Jahrhundert verbreitet hatte, konnte die Stadt Magdeburg reformatorische Flugschriften im ganzen Reich verbreiten. All das machte Magdeburg zu einem Propagandazentrum der Reformation. Die Protestanten sprachen von „Unseres Herrgotts Kanzlei“.

In dieser Zeit verfasste der nach Magdeburg geflüchtete Wittenberger Theologieprofessor Matthias Flacius eine Denkschrift. In dem „Magdeburger Bekenntnis“ verteidigte er das Recht auf Widerstand. Der Protestantismus setzte sich mehr und mehr durch. 1563 übernahm der Erzbischof von Magdeburg die lutherische Lehre. Am 1. Advent 1567 fand im Dom der erste evangelische Gottesdienst statt.

Im 17. Jahrhundert, in der Zeit des Dreißigjährigen Krieges 1631, zogen die kaiserlichen Truppen unter Graf von Tilly und General Graf zu Pappenheim erneut gegen die Stadt der Protestanten. Diese Belagerung löschte Magdeburg endgültig aus und prägte das Wort „magdeburgisieren“. Im Magdeburger Sprachwortschatz hat sich der Satz „Man kennt seine Pappenheimer!“, auch bekannt aus Schillers Drama „Wallenstein“, erhalten.

Frühneuzeitliches Facebook

DIE FRUCHTBRINGENDE GESELLSCHAFT

Ludwig I., Fürst von Anhalt-Köthen (1579–1650) aus dem Hause der Askanier, unternahm, wie es den zeitgenössischen Gepflogenheiten entsprach, im Alter von 17 Jahren eine „Cavalierstour“, die ihn in ferne Länder führte. In den ersten Jahren reiste der junge Fürst nach Großbritannien, Frankreich und die Niederlande. Später waren die Schweiz, Österreich, Ungarn und Italien sein Ziel. In Florenz lernte Ludwig

Die Fruchtbringende Gesellschaft: Palmenhain mit der Devise „Alles Zu Nutzen“.

die „Accademia della Crusca", die als älteste Sprachgesellschaft gilt, kennen. Als erstes deutsches Mitglied nahm man ihn auf.

Nach seiner Rückkehr 1606 übernahm Ludwig die Regierungsgeschäfte in Anhalt-Köthen. Die Sprachgesellschaft in Florenz muss den Fürsten sehr beeindruckt haben, denn als 1617 die erste deutsche Sprachakademie in Weimar gegründet wurde, übernahm der Fürst deren Vorsitz. Bewusst wählten die Gründer den Namen „Die Fruchtbringende Gesellschaft, Palmenorden", denn der Nützlichkeitsgedanke war für die neue Gruppierung zielführend. In ihrer Imprese zeigt die deutsche Sprachakademie die vielfach brauchbare Kokospalme mit der Devise „Alles Zu Nutzen".

Jedes Mitglied wählte ein eigenes Symbol einer Pflanze oder eines Pflanzenprodukts und des dazu gehörigen ‚Worts' (Sinnspruch). Die Mitglieder gaben sich Namen, die aus heutiger Sicht recht befremdlich erscheinen. Der Älteste war Caspar von Teutleben, er nannte sich „Der Mehlreiche". Fürst Ludwig von Anhalt-Köthen hieß „Der Nährende".

Die Stifter dieser Vereinigung verfolgten vorrangig ethische und sprachlich-literarische Ziele. Die Sprachakademie zählte bis 1629 an die 200 Personen, die mehrheitlich aus dem Adels- und Reichsfürstenstand kamen. Dies hatte den Vorteil, dass die Akademie höfisch, politisch, militärisch und diplomatisch vernetzt war. Als Bild der Zugehörigkeit trug man die Kette „Gesellschaftspfennige" (ovale goldene Medaillen) an einem sittichgrünem Band. Auf der Vorder- bzw. Rückseite der Medaille waren das Sinnbild der Gesellschaft und das des jeweiligen Trägers zu sehen. In Gesprächen, Briefen und Publikationen benutzten alle nur ihre Gesellschaftsnamen, um Rangstreitigkeiten zu vermeiden. Mit dem Tod des Fürsten Ludwig 1650 übernahm Herzog Wilhelm IV. von Sachsen-Weimar den Vorsitz und entsprechend verlagerte sich die Anbindung der Sprachgesellschaft nach Weimar.

Im 390. Jahr der Gründung des ältesten deutschen Sprachvereins, am 18. Januar 2007, begann „Die Neue Fruchtbringende Gesellschaft" ihre Arbeit mit Sitz in Köthen. Ganz in der Tradition der Fruchtbringenden Gesellschaft des 17. Jahrhunderts widmet sie sich der Pflege der deutschen Sprache als Amts-, Kultur-, Landes- und Wissenschaftssprache. Der Leitgedanke ist

„Alles zu Nutzen – allen zu Nutzen!“ Neben zahlreichen Projekten gibt es regelmäßig Veranstaltungen. Eine „Straße der deutschen Sprache“ verbindet länderübergreifend sprachgeschichtlich bedeutsame Orte in Sachsen, Thüringen und Sachsen-Anhalt. Für Schüler richtet der Verein seit 2007 jährlich einen von der Landesregierung Sachsen-Anhalt unterstützten Schreibwettbewerb aus.

Ausstellung
„Erlebniswelt Deutsche Sprache“
Schloß Köthen
www.erlebniswelt-deutsche-sprache.de

Im Schloss Köthen ist seit April 2013 die Ausstellung „Erlebniswelt deutsche Sprache“ zu sehen. Ausgehend von der Geschichte der Fruchtbringenden Gesellschaft des 17. Jahrhunderts können Besucher, Klein und Groß gleichermaßen, mehr zur Geschichte der deutschen Sprache erfahren. Multimediale Animationen und Projektionen ergänzen die Ausstellung.

Ohne Vakuum keine Luft

MAGDEBURGER HALBKUGELN

Otto Gericke wurde als Sohn eines alten, seit dem 14. Jahrhundert in Magdeburg ansässigen Patriziergeschlechtes, am 20. November 1602 geboren. Später wurde Gericke geadelt und der Physiker fügte seinem Namen für die bessere Aussprache in deutsch und französisch ein „u" hinzu. 1618, nach Ausbruch des Dreißigjährigen Krieges, verließ von Guericke seine Heimatstadt. Leipzig, Helmstedt, Jena und schließlich das holländische Leiden waren Orte, an denen er studierte. Später führte ihn eine Studienreise nach England und Frankreich. All das in einer bewegten Zeit, in der Namen wie Johannes Kepler und Galileo Galilei in aller Munde waren und der Dreißigjährige Krieg wütete. Ende 1625 nach Magdeburg zurückgekehrt, musste von Guericke 1631 miterleben, wie seine protestantische Heimatstadt durch die kaiserlich-katholischen Truppen unter dem Feldherrn Tilly komplett zerstört wurde. In der Zeit als Magdeburg wieder aufgebaut wurde, widmete sich von Guericke seiner Familie.

Ab 1646 bis 1678 war er einer der vier Magdeburger Bürgermeister. Mit seinem diplomatischen Geschick konnte er Magdeburg bei politischen Entscheidungen sehr gut vertreten, zum Beispiel bei den Verhandlungen zum Westfälischen Frieden 1648. Später sagten die Bürger der Stadt mit einem

Schmunzeln: „Magdeburg hatte drei große Bürgermeister: 1. den Erfinder der Luftpumpe Otto von Guericke (1646–1678), 2. den Erfinder der Wasserpumpe August Wilhelm Francke (1817–1848) und 3. den Erfinder der Geldpumpe Carl Gustav Friedrich Hasselbach (1851–1880)."

Otto von Guericke war aber weitaus mehr als ein Politiker und Jurist. Seine Leidenschaft galt der Physik. Seine Experimente zum Luftdruck ließen die Gelehrten aufhorchen. Den „leeren Raum", das Vakuum, hat er immer wieder untersucht. Von Guericke hatte bereits 1649 die Kolbenvakuumluftpumpe erfunden. 1654 demonstrierte der Erfinder die Effekte des Luftdrucks vor dem Reichstag in Regensburg und 1657 am Hof des Kurfürsten Friedrich Wilhelm.

Guericke verschloss zwei Halbkugeln mit einem Durchmesser von 50 cm luftdicht zu einer Kugel. Mit der Kolbenpumpe entzog er dem entstandenen Innenraum die eingeschlossene Luft und erzeugte ein Vakuum. Der äußere Luftdruck hielt die Kugeln zusammen. Selbst 16 Pferden gelang es nicht, die zwei luftleer gepumpte Halbkugeln aus Messing auseinanderzureißen. Der Bürgermeister der Stadt, Otto von Guericke, zeigte mit dieser Vorführung, welch ungeheure Kraft der Luftdruck hat. Das Experiment, das als Magdeburger Halbkugelversuch bekannt wurde, fand sich in zahlreichen Schriften der Zeit als Zeichnung wieder. Das Experiment hat nichts an Faszination verloren. Bis heute wird der Magdeburger Halbkugelversuch spektakulär mit passenden Kostümen aufgeführt.

Schließlich gelang es Otto von Guericke, die erste Luftpumpe zu bauen, womit eine Pumpe gemeint war, die Luft aus einem geschlossenen Behältnis zieht und ein Vakuum erzeugt. Eine weitreichende Erfindung! Die Funktion einer Luftpumpe nach heutigem Verständnis zur Befüllung von Behältnissen mit Luft, wie dem Fahrradreifen, wurde erst Ende des 19. Jahrhunderts bedeutsam. Guericke hat seine Versuche 1672 in dem Buch „Experimenta nova Magdeburgica de Vacuo Spatio" (Otto von Guerickes neue [sogenannte] Magdeburger Versuche über den leeren Raum) veröffentlicht.

Immer wieder versuchte der Gelehrte Naturphänomene, wie das Wetter, zu ergründen. Er erfand das Barometer und konnte sogar

Magdeburger Halbkugeln von 1663 und ein Vakuumpumpe.

einen Sturm in Magdeburg vorhersagen. Somit ist sein Name mit der auf Messungen beruhenden Wettervorhersage verbunden. Daher durften die berühmten Magdeburger Halbkugeln in der gemeinsamen Ausstellung der Bundeskunsthalle in Bonn und des Deutschen Museums: „Wetterbericht" Ende 2017 nicht fehlen.

Insgesamt wirkten von Guerickes Abhandlungen lange nach und weckten großes Interesse, selbst gut 200 Jahre nach seinem Tod 1686. Auf der „Weltausstellung zur Elektrizität" in Paris 1881 präsentierte das Deutsche Reich eine Schwefelkugel von Guericke. Sie sollte zeigen, welchen bedeutenden Anteil der Universalgelehrte an der Entwicklung der Elektrotechnik hat.

Im Deutschen Museum in München gehören die „Magdeburger Halbkugeln mit Luftpumpe von Otto von Guericke" zu den Meisterwerken der Sammlung. 1903 gegründet, beherbergt das Museum bedeutende Objekte der Naturwissenschaft und Technik. Zu sehen sind die Ausstellungstücke an vier Standorten: Im Haupthaus auf der Museumsinsel, im Verkehrszentrum auf der Theresienhöhe, in der Flugwerft Schleißheim und im Deutschen Museum Bonn.

Deutsches Museum von Meisterwerken der Naturwissenschaft und Technik
Museumsinsel 1 | 80538 München
geöffnet täglich von 9 bis 17 Uhr
www.deutsches-museum.de

Das Spiel in allen Tonarten

WOHLTEMPERIERTE STIMMUNG

Mitte des 17. Jahrhunderts, am 30. November 1645, wurde Andreas Werckmeister als Sohn eines Ackermanns in Benneckenstein im Harz geboren. Erste musikalische Schritte ging er mit seinem Onkel Christian, der ihm als Organist Musikunterricht gab. Seine schulische Ausbildung genoss Andreas Werckmeister an verschiedenen Orten, zuletzt auf dem Quedlinburgischen Gymnasium. Ende 1664, eigentlich wollte er studieren, erhielt er eine Berufung als Organist nach Hasselfelde. Rasch erwarb sich Andreas Werckmeister einen sehr guten Ruf. In den kommenden Jahren war der Musiker als Organist in verschiedenen Orten tätig, zuletzt in Halberstadt, wo er 1706 starb.

Andreas Werckmeister wird in seiner Leichenrede bezeichnet als „Königl. Preußischer Inspector über alle Orgelwerke im Fürstenthum Halberstadt“. Als Theoretiker und eher mathematisch-philosophischer Musiker ging er in die Musikgeschichte ein. Zwei Meilensteine hat Werckmeister gesetzt.

Andreas Werckmeister veröffentlichte 1698/1702 seine „Indizien für die Qualitäten eines Clavier-Spielers". Clavier umfasste alle damaligen Tasteninstrumente.

In seinen Werken „Orgelprobe" (1681) und „Erweiterte Orgelprobe" (1698) finden sich Ausführungen, die bis in das 18. Jahrhundert als Standardwerke Gültigkeit hatten. Mehr als 30 Orgeln und den Bau von zehn Orgeln hat der Musiker für seine Abhandlung geprüft und analysiert.

Die anderen bahnbrechenden Veröffentlichungen waren die „Beschreibungen verschiedener wohltemperierter Stimmungen". Unter dieser Sammelbezeichnung führte Andreas Werckmeister ab 1681 eine Reihe von Stimmungen auf Tasteninstrumenten ein. Diese erweiterten die mitteltönigen Stimmungen derart, dass den Musikern nun das Spiel in sämtlichen Tonarten möglich war. Für die Musikwelt bedeutete das u. a.

ein neues Notensystem sowie größere und lautere Instrumente. Der Musiker Werckmeister ebnete nicht zuletzt den Weg in eine neue Ära mit regem Konzertleben.

Werckmeister war, wie andere Erfinder auch, mit seinem Werk nicht ganz allein. Der Orgelbauer Christian Förner hatte in einzelnen Fällen bereits eine Stimmung entwickelt, die ein Spiel in allen Tonarten erlaubte. Die 1668 bis 1673 erbaute Förner-Orgel der Schlosskirche in Weißenfels hat wohl erstmals diese Musikform ermöglicht.

Und ja, wer an Bachs wohltemperiertes Klavier denkt, hat recht. Der berühmte Komponist Johann Sebastian Bach bezog sich unmittelbar auf die 1681 von Andreas Werckmeister erfundene Stimmung, die Bach „wohltemperiert“ nannte. Vielleicht machte er sich in seiner Zeit als Hofkapellmeister (1717–1723) des Fürsten Leopold von Sachsen-Anhalt mit Werckmeisters Erbe vertraut.

Johann Sebastian Bach (1685–1750).

Die Werke des „Wohltemperierten Klaviers“, die Johann Sebastian Bach in Köthen schuf, zählen zu seinem Hauptwerk. Mit diesen Kompositionen zeigte Bach praktisch, wie sich die wohltemperierte Stimmung zum Spielen in allen Tonarten eignet. Teil II stellte Bach 1740/42 in Leipzig fertig.

Ein akademisches Frauenzimmer

ERSTE PROMOVIERTE ÄRZTIN

Dorothea Christiane Leporin, verheiratete Erxleben, geboren 1715 als Tochter eines Arztes in Quedlinburg, zeigte schon früh Interesse an naturwissenschaftlichen Studien. Gemeinsam mit ihrem zwei Jahre jüngeren Bruder Christian Polykarp junior erfuhr sie eine Erziehung ganz im Geist der Frühaufklärung. Der Vater, Christian Polykarp Leporin senior, war überzeugt, dass Frauen mehr leisten können und genauso viel Verstand haben wie Männer. So erhielt Dorothea gemeinsam mit ihrem Bruder eine umfassende Ausbildung in praktischer sowie theoretischer Medizin bei ihrem Vater. In der Quedlinburger Ratsschule erhielt sie vom Rektor und Konrektor privaten Unterricht in Latein.

Zeitgenössisches Porträt von Dorothea Christiane Erxleben.

Ab ihrem 16. Lebensjahr nahm der Vater seine Tochter mit zu seinen Patienten. Teilweise konnte Dorothea den Vater in seiner Praxis vertreten. Wie auch ihr Bruder wollte die junge Frau studieren. Das begabte Mädchen erfuhr, dass in Bologna Laura Bassi zur Doktorin der Naturphilosophie promoviert worden war. Diesen Weg wollte auch sie gehen.

Als Friedrich II. 1740 den preußischen Thron besteigt, nutzt Dorothea Erxleben die Chance und bittet die königliche Majestät um Erlaubnis, mit ihrem Bruder in Halle zu studieren. Es gibt schon die eine oder andere gelehrte Frau, aber eine Akademikerin? Der aufgeklärte König erfüllt die ungewöhnliche Bitte. Aber als Dorotheas Cousine stirbt, stellt sie die familiären Pflichten über ihre persönlichen Ziele und versorgt die fünf kleinen Halbwaisen. Kurze Zeit später heiratet sie den Witwer Johann Christian Erxleben (1697–1759), einen Pfarrer. Das erkämpfte Universitätsstudium rückt in weite Ferne. Die junge Frau veröffentlicht ein längst fertiges Buch, ein frühfeministisches Plädoyer für gleiches Recht auf Bildung und Beruf, das Vorwort verfasst ihr Vater. Auch wenn Dorothea Erxleben nun das Pfarrhaus führt und recht schnell Mutter von eigenen Kindern wird, arbeitet sie als Ärztin. Entgegen aller Verbote im 18. Jahrhundert übernimmt sie 1747 die Praxis ihres verstorbenen Vaters. Die anderen Ärzte ihrer Heimatstadt machen sie als „Dilettantin“ verächtlich. 1753 zeigen drei Ärzte in Quedlinburg Dorothea Erxleben an, weil diese „mit einer unverschämten Verwegenheit in der medizinischen Pfuscherei sich besonders auszeichnet, da sie die Patienten öffentlich besuchet“.

Kurz nach der Geburt ihres vierten Kindes will die inzwischen 39-jährige Dorothea ihre Dissertation nachholen. Wohlwissend, dass sie die königliche Erlaubnis für ein Studium hat. Im Januar 1754 reicht sie ihre Dissertation an der Universität ein, ohne ein Studium absolviert zu haben. Mit königlicher Erlaubnis besteht sie das mündliche Examen glanzvoll. Am 12. Juni 1754 wird sie von Professor Johann Juncker feierlich zum „Doktor der Arzeneygelahrtheit“ erklärt. Nun hat sie ganz offiziell das Recht, als Ärztin zu praktizieren. Neben ihrer Tätigkeit als Hausfrau und Mutter arbeitet sie bis zu ihrem Tode 1762 als Ärztin in Quedlinburg. Dorothea Erxleben ist ihrer Zeit weit voraus. Erst gut 100 Jahre später geht die Erfolgsgeschichte von Frauen an deutschen Universitäten weiter. Preußen lässt Frauen ab 1896 als Gasthörerinnen zu. Ab 1908 darf jede Frau in Preußen offiziell studieren.

Mit einer Dorothea-Erxleben-Gastprofessur erinnert die Otto-von-Guericke-Universität Magdeburg seit 1997/98 an die erste promovierte Ärztin Preußens. Exzellente Wissenschaftlerinnen erhalten so die Chance auf eine weitere fachliche und persönliche Profilierung. Insbesondere auf Gebieten, in denen Frauen unterrepräsentiert sind. In Quedlinburg fühlt sich das Harzklinikum „Dorothea Christiane Erxleben" dem Vermächtnis seiner Namensgeberin verpflichtet. Für angehende Mediziner bietet das „Dorothea Erxleben Lernzentrum Halle" einen studentischen Lernraum und eine hausärztliche Übungspraxis. In der DDR gab es in Quedlinburg von 1955 bis 1990 die renommierte Medizinische Fachschule „Dorothea Christiane Erxleben".

In Halle wurde Dr. med Dorothea Erxleben nicht vergessen.
Das Lernzentrum der Universitätsmedizin Halle (Saale) trägt ihren Namen.

Heute sind das Dorothea-Erxleben-Programm des Landes Niedersachsen zur Qualifizierung von Künstlerinnen für eine Professur an Universitäten und Fachhochschulen sowie das Klinikum Quedlinburg und das Klinikum in Wernigerode nach ihr benannt. Anlässlich ihres 300. Geburtstags widmete Google ihr ein Doodle.

Erfindungsreiches Braunsbedra

LAUFRAD UND KIPP-PFLUG

Im Stadtwappen von Braunsbedra bei Merseburg sind ein Pflug und ein Rad zu sehen und das aus gutem Grund. Die beiden Symbole verweisen auf zwei Erfindungen aus den einstigen Dörfern Bedra und Braunsdorf, heute Braunsbedra. Das Laufrad erfand Michael Kaßler um 1761 in Braunsdorf und Eduard Dörge konstruierte um 1880 in Bedra den ersten eisernen Kipp-Pflug.

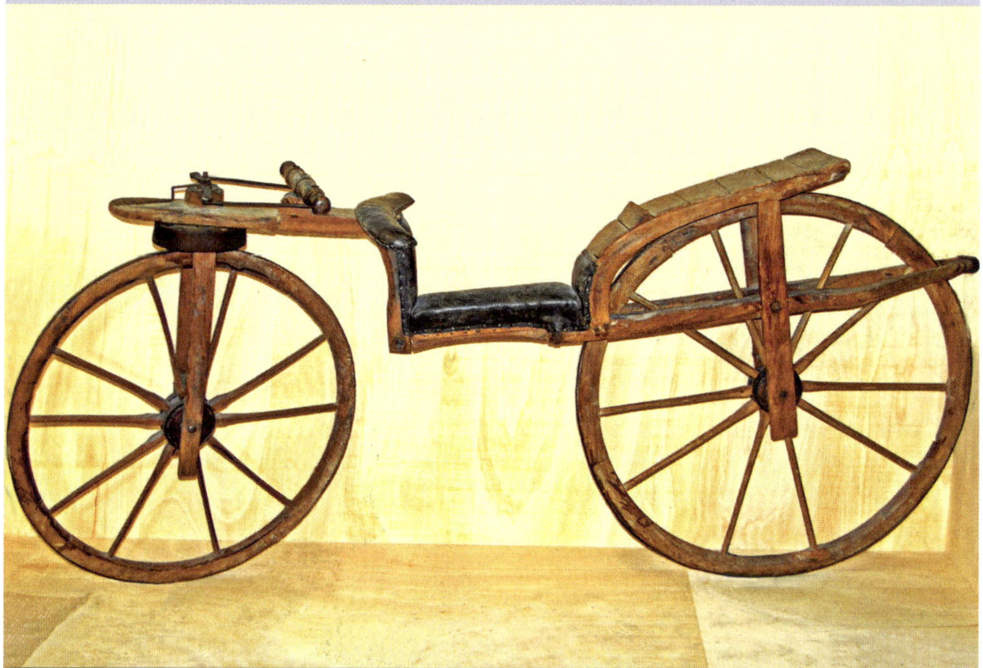

Die berühmte Laufmaschine des Karl von Drais, 1818 zum Patent angemeldet, gilt als wissenschaftlich gesicherter Vorläufer des Fahrrades. Das Laufrad von Michael Kaßler hingegen war bis 1904 nur in Braunsdorf bekannt, wo der Erfinder von 1733 bis 1772 lebte. Er war Bauer und Böttcher. Kaßler brauchte Zeit, um von einem Ort zum anderen zu kommen. Zu viel Zeit. 1761 gelang ihm der Bau eines hölzernen Laufrades, hinten wie eine Karre, vorn wie eine Kutsche. Hinten fand auch das Handwerkszeug Platz. Der Erfinder benutzte wohl wegen der schlechten Straßen besonders große Räder. Sein Gefährt hatte deshalb einen Sitz, der tief zwischen den Rädern lag, so dass er den Boden mit den Füßen erreichen konnte. Wenn er saß, bewegte sich Michael Kaßler durch Abstoßen mit den Beinen vorwärts. Selbst einen Lenker hatte das Rad, das ein Einzelstück blieb.

Der Schmiedemeister Eduard Dörge, 1841 in Bedra geboren, arbeitete im väterlichen Betrieb. Um 1880 erfand er den Kipp-Pflug, der statt einem, zwei, wie an einer Wippe angebrachte, aber entgegengesetzt gerichtete Pflugschare besaß. Am Ende des Ackers wurde das für die Gegenrichtung benötigte Schar nach unten in den Boden abgesenkt, wobei sich das andere aus dem Boden heraushob. So konnte man erstmalig auch in der Gegenrichtung Furche an Furche pflügen.

Im Ortsteil Bedra erinnert der Eduard-Dörge-Weg mit einer Gedenktafel am ersten Haus an den Schmiedemeister. Dem Erbauer des ersten hölzernen Laufrades ist ein Gedenkstein in der Braunsdorfer Hauptstraße 19 gewidmet.

„Feuer-Maschine zu Wasser herausholen“

DIE ERSTE DEUTSCHE DAMPFMASCHINE

Die Dampfmaschine hat im 18. Jahrhundert das industrielle Zeitalter eingeläutet.

Zwar gilt James Watt als der Erfinder der Dampfmaschine, aber wie so oft gab es viele, die an dieser Erfindung arbeiteten. Das ganze 18. Jahrhundert war geprägt von der Idee einer solchen Maschine. Im Landesarchiv Sachsen-Anhalt in Magdeburg findet sich eine Akte über den Geheimen Rat Gansauge aus Altenweddingen. Der Ort vor den Toren Magdeburgs hatte im 18. Jahrhundert Braunkohlegruben, Friedrich II. förderte den Tagebau. Und es gab eine Dampfmaschine Newcomscher Bauart von 1711/12, 1779 von Gansauge auf eigene Kosten erworben. Es war die erste Maschine Preußens und sie erregte große Aufmerksamkeit. In einem an Minister Heinitz gerichteten Kabinettsbefehl vom 25. Mai 1780 stellte der König fest, dass die „Feuer-Maschine zu Wasser herausholen“ von großem Nutzen sei. Die Maschine habe aber technische Mängel, die behoben werden müssten. Friedrich II. befahl, „die Maschine in die gehörige zu bringen, daß solche bei allen Bergwerken dazu gebrauchet werden kann“. Zeitgleich optimierte James Watt in England die Dampfmaschine Newcomscher Bauart. 1776 konnte die erste Dampfmaschine nach Watt'schem Prinzip in Betrieb gehen.

Die Erfolge dieser „Feuermaschine“, wie sie genannt wurde, drangen schnell nach Preußen. Der Bergbauminister von Preußen, Anton von Heinitz, holte 1778 bei der Firma Boulton & Watt in Birmingham ein Angebot über den Kauf einer Niederdruckdampfmaschine ein. Die Antwort war recht resolut: Gern, aber die Lieferung sei mit einem 14-jährigen Liefermonopol verbunden. Das passte gar nicht zur Politik des Königs von Preußen. Friedrich II. wollte lieber Geld verdienen, statt durch Einfuhr eine hohe Summe ausgeben.

Es ging um viel, die James Watt'sche Feuerkunst sollte die Pferde ersetzen, die im Mansfelder Kupferschieferbergbau beim Auspumpen der Stollen rund 740 Liter Wasser pro Minute nach oben zogen. Genauer gesagt im König-Friedrich-Schacht bei Hettstedt. Schnell war klar, dass nur Industriespionage half, um an die begehrte Dampfmaschine zu kommen. Und das im Auftrag vom Preußischen König! Bergbauminister Heinitz beauftragte am 23. April 1778 den erfahrenen Oberbergrat Jacob Sigismund Waitz von Eschen und den gerade mal 22-jährigen Bauinspektor Carl Friedrich Bückling, nach England zu reisen. Bei der Firma Boulton & Watt sollten sie die Konstruktion der Dampfmaschine, deren Effekt und die Kosten erkunden. 1779 zurück in Preußen, konnten sie Bücklings Zeichnungen präsentieren.

Später war eine weitere Reise nötig, um mehr über die Maschine zu erfahren. In einer Werkstatt des Mansfelder Kupferbergbaureviers in Hettstedt nahm die Geschichte ihren Lauf. 1783 hatte Carl Friedrich Bückling ein Modell fertig, auch wenn die Feuermaschine zunächst nicht richtig funktionierte.

Aber viel wichtiger war, dass der preußische Hof 1783 überhaupt das Geld für den Bau einer Maschine bewilligte. Bückling erhielt die Oberaufsicht.

Mit viel Zielstrebigkeit gelang es dem jungen Konstrukteur, die Dampfmaschine Watt'scher Bauart nachzubauen. Am 23. August 1785 war es so weit, die erste deutsche Dampfmaschine konnte auf dem König-Friedrich-Schacht bei Burgörner in der Nähe von Hettstedt in Betrieb genommen werden. Zunächst lief sie nicht zuverlässig. Spionage allein reichte eben nicht, und so warb man den Dampfmaschinen-Mechaniker William Richards aus England ab.

Das Duo Bückling und Richards brachte die deutsche Dampfmaschine schnell zum gewünschten

Erfolg. Bis 1806 bauten sie neun weitere Maschinen für den heimischen Bergbau. In die Werkstatt von Bückling kamen viele preußische Studenten, die sich für die Technik der Feuermaschine interessierten. Im Alter von 55 Jahren ging Carl Friedrich Bückling in den Ruhestand und starb kurze Zeit später.

Im Mansfeld-Museum in Hettstedt ist ein Funktionsmodell der Dampfmaschine von 1785 zu sehen. Die Eislebener Wasserhaltungsmaschine, gebaut 1813 von William Richards in Hettstedt, steht im Deutschen Museum. Bis 1885 war sie zur Entwässerung eines Kupferbergwerkes in Betrieb. Ihre Bauart gleicht der von 1785, die Maschine arbeitet nach dem Watt'schen Prinzip mit Niederdruck.

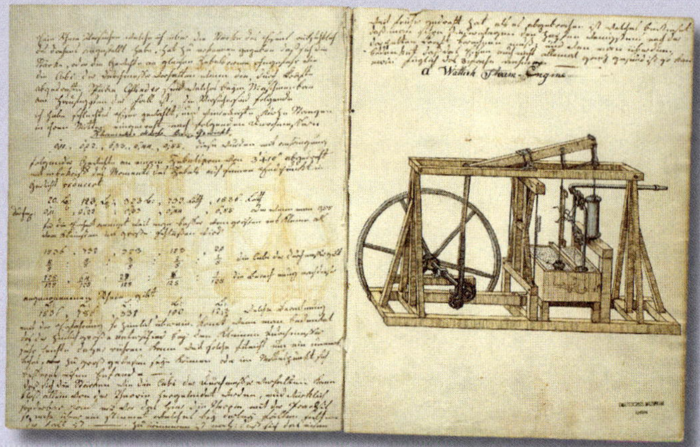

Georg von Reichenbachs Tagebuch der Englandreise 1791 mit der heimlich angefertigten Zeichnung einer doppelt wirkenden Watt'schen Niederdruck-Dampfmaschine.

In einigen staubigen Akten mit vergilbtem Papier finden sich weitere spannende Geschichten rund um die spektakuläre Feuermaschine. So etwa im Archiv des Deutschen Museums in München, wo das vermutlich erste „Spionagetagebuch" aufbewahrt wird.

Deutsches Museum von Meisterwerken der Naturwissenschaft und Technik
Museumsinsel 1 | 80538 München
geöffnet täglich von 9 bis 17 Uhr
www.deutsches-museum.de

Tabak und Muckefuck

DER ERSTE INDUSTRIEKONZERN

Johann Gottlob Nathusius, geboren am 30. April 1760 in Baruth/Mark im Kurfürstentum Sachsen, ging 1774 nach Berlin und absolvierte eine kaufmännische Lehre. Dem Sohn eines Steuerbeamten war es nicht möglich zu studieren, dafür reichte das Geld nicht. Schon während der Ausbildung und seiner anschließenden Tätigkeit las Nathusius volkswirtschaftliche Fachliteratur. Im Magdeburger Handelskontor Sengewald fand er 1784 eine Anstellung als Buchhalter. 1785 starb Sengewald und der 25-jährige Nathusius übernahm mit Johann Wilhelm Richter das Unternehmen. Ein idealer Zeitpunkt, der mit dem Regierungsantritt des Königs Friedrich Wilhelms II. zusammenfiel. 1786 wurde nämlich das staatliche Tabakmonopol aufgehoben.

Johann Gottlob Nathusius gründete eine Tabakfabrik und wurde rasch Marktführer in Preußen. Das Unternehmen Richter & Nathusius beschäftigte 1787 bereits ca. 60 Arbeiter. Die Firma florierte und hatte ab 1788 ihren respektablen Sitz im Breiten Weg (Nr. 177) in der Magdeburger Innenstadt in einem vierstöckigen Gebäude. Beim Tod von Wilhelm Richter 1793 war die Manufaktur der führende Tabakhersteller und ein wichtiger Wirtschaftsfaktor. 1797 führte die preußische Regierung das staatliche Tabakmonopol kurzzeitig wieder ein. Der angesehene Unternehmer Johann Gottlob Nathusius wurde sogar zum Generalfabrikdirektor für alle Tabakfabriken des Reiches ernannt.

1799 hatte der Unternehmer Nathusius 300 Mitarbeiter. Der Weg für den späteren Reichtum von Johann Gottlob Nathusius war geebnet. Neben dem Tabak erkannte der Kaufmann den Wert der Zichorie. Seit Anfang des 19. Jahrhunderts war gedorrte Zichorie ein beliebter Ersatz für Kaffee. Die Gemeine Wegwarte, wie die Zichorie auch heißt, wuchs auf dem fruchtbaren Boden der Magdeburger Börde besonders gut.

1809 heiratete Nathusius, mit seiner Frau Louise hatte er acht Kinder. Im folgenden Jahr erwarb er zunächst das säkularisierte Klostergut Althaldensleben für den vielfältigen Anbau von landwirtschaftlichen Produkten. Weitere Güter kamen dazu. Den Grundstein für seinen späteren Industriekonzern legte der Unternehmer mit dem Kauf des Ritterguts Hundisburg mit Barockschloss. Den hochverschuldeten Besitz in der Nähe von Haldensleben ersteigerte Nathusius im November 1811. Allerdings kaufte er ein leeres Schloss, es gab nur noch die Gartenbänke. Etwa 750 Hektar waren zu bewirtschaften. Zwischen Hundisburg und Althaldensleben legte Nathusius einen großen Landschaftspark im englischen Stil an.

In den folgenden Jahren entstand der erste Industriekonzern Deutschlands, die Nathusius Gewerbeanstalten. Der Konzern, den es gut 30 Jahre gab, bestand aus mehr als dreißig Gewerbebetrieben. Dazu gehörten eine Handelsgärtnerei zu Althaldensleben, Getreide- und Ölmühlen, eine Nudelfabrik, eine Brennerei, eine Stärkefabrik, Obstwein- und Essigfabriken, eine Rübenzuckerfabrik sowie eine Brauerei, Ziegeleien und Steinbrüche, eine Maschinenfabrik in Hundisburg, sowie eine Steingutmanufaktur, aus der eine Porzellanfabrik entstand. Die „Porcellan-Fabrik zu Althaldensleben“ war ab 1826 die erste private Porzellanfabrik Preußens. Sie stand in Konkurrenz mit der Königlichen Porzellanmanufaktur Berlin. Der Gewerbeverbund umfasste die Orte Hundisburg, Althaldensleben, Glüsig und Magdeburg. Die Betriebe waren organisatorisch eng miteinander verbunden. Die Region in und um Haldensleben wurde zur Agrar- und Industrieregion.

Der Industriepionier Johann Gottlob Nathusius starb am 23. Juli 1835 im Alter von 75 Jahren in Althaldensleben. Bereits in den letzten gut zehn Jahren hatte er begonnen, seinen Konzern zu

Barockgarten Hundisburg im Jahr 2016.

verkleinern. Laut seiner Nachkommen war das Imperium sehr schnell gewachsen. Nathusius behielt nur schwer den Überblick. Unterschlagungen und Misswirtschaft in einzelnen Betrieben führten schließlich zum Ende des Konzerns. Die Söhne, der älteste Hermann war 1825 gerade 15 Jahre alt, konnten das unternehmerische Erbe nicht antreten. Später förderten sie die landwirtschaftlichen Güter.

Die Magdeburger Tabak- und Zigarrenfabrik Gottlob Nathusius blieb trotzdem in der Familie. Fünf Generationen führten das Unternehmen bis zu seiner Enteignung 1950 fort.

Zahlreiche Dichter und Schriftsteller widmeten sich in ihren Werken dem Fabrikanten Johann Gottlob Nathusius. Seien es die Gewerbeanstalten oder Nathusius selbst, im Roman „Die Epigonen“ von Karl Leberecht Immermann, in Goethes „Wilhelm Meisters Wanderjahre“ oder in Clemens Brentanos Märchen „Kommanditchen“ – immer wieder greifen Literaten den beachtlichen wirtschaftlichen Erfolg des Unternehmers auf.

Am Brunnen vor dem Tore ...

DER SONGTEXTER WILHELM MÜLLER

„Am Brunnen vor dem Tore, da steht ein Lindenbaum.“ Wer kennt nicht diese Liedzeile aus Schuberts Winterreise? Geschrieben hat sie Johann Ludwig Wilhelm Müller, dessen Vater Schneider war. Geboren im Oktober 1794 in der Stadt Dessau im damaligen Anhalt, verlor er sehr früh seine Mutter und fünf Geschwister. Sein Vater heiratete 1809 eine wohlhabende Witwe.

Felseninsel Stein und Villa Hamilton im Wörlitzer Park Dessau, angelegt Ende des 18. Jahrhunderts.

Der sprachbegabte Wilhelm Müller studierte ab 1812 Philologie in Berlin. Den nach Freiheit strebenden jungen Mann zog es aber bereits ein Jahr später zum preußischen Heer und er kämpfte in den Befreiungskriegen gegen Napoleon.

Zeitgenossen wie die Schriftsteller Gustav Schwab und Ludwig Tieck sowie Romantiker wie Joachim von Arnim, Clemens Brentano und Novalis inspirierten den jungen Dichter. Der vielseitig interessierte Wilhelm Müller brachte es recht schnell zum herzoglich Dessauischen Hofbibliothekar und Hofrat. Für den liberalen Leipziger Verleger Brockhaus arbeitete er als Übersetzer, Kritiker und Schriftsteller. So nahm Müller mit seiner Frau an dem Musikfest zur „Säcularfeier“ (100-jähriger Geburtstag) von Friedrich Gottlieb Klopstock in Quedlinburg teil und verfasste für das „Literarisches Conversationsblatt“ aus dem Hause Brockhaus einen Artikel. Der junge Dichter und Verfechter der Freiheit engagierte sich auch im Kampf der Hellenen gegen die Fremdherrschaft der Osmanen (1821–1829) und verfasste Gedichte für die Griechen. Daher nannte man ihn schon zu Lebzeiten den „Griechen-Müller“.

Als Kulturjournalist der Zeitschrift „Der Gesellschafter oder Blätter für Geist und Herz. Berlin, 1817 bis 1848.“ , machte sich Müller ebenfalls einen Namen. 1821 schrieb er seine „Sieben und siebzig Gedichte aus den hinterlassenen Papieren eines reisenden Waldhornisten“. Darin findet sich das Gedicht über die „Schöne Müllerin“. Der Musiker Franz Schubert (1797–1828) war so angetan von diesen Zeilen, dass er sie 1823 vertonte. Wenig später, 1827, im Todesjahr von Wilhelm Müller, komponierte Franz Schubert die „Winterreise“, bestehend aus 24 Liedern für Singstimme und Klavier. Erneut vertonte er einen Gedichtzyklus von Müller, u. a. den anfangs erwähnten „Lindenbaum“. 1828 erschienen die Lieder in zwei Heften, im Januar und zum Ende des Jahres, sechs Wochen nach dem Tod von Franz Schubert.

Schubert und Müller ergänzten sich hervorragend, tragisch ist, dass sich beide wohl nie begegnet sind. Wilhelm Müller wusste wahrscheinlich nicht, wie sehr Franz Schubert ihn bewunderte. Kurioserweise waren der Musiker und der Dichter fast gleich alt und starben innerhalb eines Jahres.

Wilhelm Müller bereicherte mit seinen Texten das deutsche Liedgut. So stammt aus seiner Feder z. B. „Das Wandern ist des

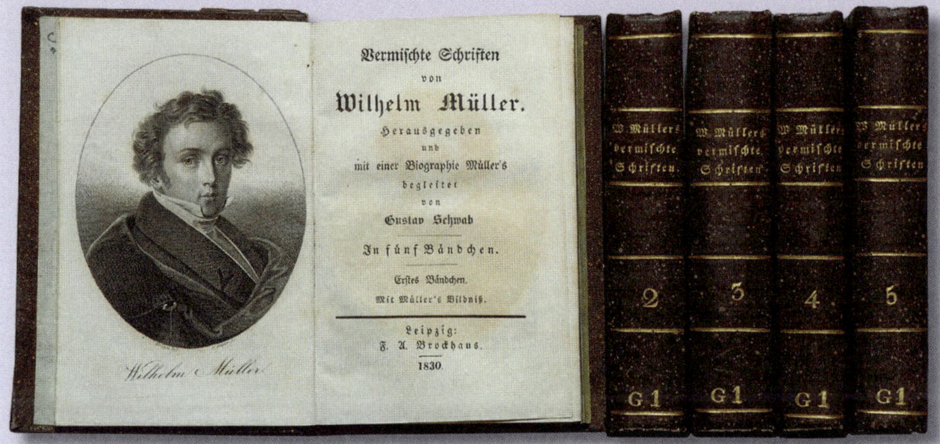

Wilhelm Müller Vermischte Schriften 1830, Erstausgabe.

Müllers Lust", „Im Krug zum grünen Kranze" und „Erstlinge aus Luisium". Selbst Heinrich Heine schätzte die Liederdichtung von Wilhelm Müller. Nach dessen Tod ist in Heines „Reise von München nach Genua" der Ausruf „Ach, er war ein deutscher Dichter!" zu finden. Der literarische Nachlass des Urhebers zahlreicher gesellschaftskritischer deutscher Volkslieder wird in der Anhaltischen Landesbücherei Dessau verwahrt.

Seit 1994 engagiert sich die Internationale Wilhelm-Müller-Gesellschaft e.V. (IWMG) und stellt das literarische Schaffen des Dichters mit verschiedenen Projekten der Öffentlichkeit vor. So finden regelmäßig Konferenzen, Lesungen und Liederabende statt. Zudem geht es der IWMG um eine wissenschaftliche Aufarbeitung des literarischen Erbes Müllers. Verschiedene Interpreten rezipieren Wilhelm Müllers Gedichte und setzen sich mit ihm auseinander.

Weitere Infos:
www.wilhelm-mueller-gesellschaft.de/videos

Erfindung im Knast

ELEKTRISCHE GALVANISIERUNG

Werner von Siemens als Artillerieoffizier, um 1843.

Werner von Siemens, 1816 in Lenthe bei Hannover geboren, besuchte in Lübeck das Katharineum. Ab 1834 studierte der Offiziersanwärter Siemens drei Jahre an der Berliner Artillerie- und Ingenieurschule. Das Studium ermöglichte ihm eine umfassende Ausbildung in Mathematik, Physik, Chemie und Ballistik. 1838 war er Artillerie-Leutnant und musste sich nach dem Tod der Eltern 1839/40 um den Unterhalt und die Ausbildung seiner Geschwister kümmern.

Der junge Leutnant leistete seinen Dienst in Magdeburg in der 3. Artillerie-Brigade und anschließend in der Garnison Wittenberg. Nach seiner Teilnahme als Sekundant bei einem Duell zu einer Festungshaft verurteilt, verbüßte Siemens 1842 seine Strafe in der Zitadelle von Magdeburg. Hier nutzte der 25-Jährige die Zeit für Experimente und machte seine erste Erfindung, die elektrische Galvanisierung. In seinen Lebenserinnerungen schreibt Werner von Siemens später: „Ich glaube, es war eine der größten Freuden meines Lebens, als ein neusilberner Löffel [...] sich schon in wenigen Minuten in einen goldenen Löffel vom schönsten, reinsten Goldglanze verwandelte.“

In dem Versuchslabor, dass Werner von Siemens sich einrichtete, hatte er das von Moritz Hermann von Jacobi entwickelte Verfahren zur Kupfergalvanisierung weiterentwickelt. Sein Patentgesuch für das Verfahren zur elektrischen Galvanisierung, insbesondere Versilberung und Vergoldung, erregte beim königlichen Kabinett höchste Aufmerksamkeit. Die fünfjährige Festungshaft wurde zugunsten einer Versetzung an die königliche Artilleriewerkstatt in Berlin vorzeitig beendet. Für Werner von Siemens der Beginn seiner späteren Karriere als Erfinder und Industrieller. In Berlin nutzte er seine freie Zeit, um naturwissenschaftliche Seminare an der Universität zu besuchen. Ab 1845 gehörte er zu den ersten Mitgliedern der Deutschen Physikalischen Gesellschaft. 1847 gründete Siemens das Unternehmen „Telegraphen-Bauanstalt von Siemens & Halske“ und legte damit den Grundstein für die heutige Siemens AG.

Übrigens, die „Knast-Geschichte“ des Leutnant Werner von Siemens aus dem Jahr 1842 wurde sogar in einem Comic verwendet, im „Mosaik“ von Hannes Hegen. Nachdem bereits Otto von Guericke in Heft 53 und 54 eine Rolle spielte, stand in Heft 83, erschienen im Oktober 1963, der junge Werner Siemens im Mittelpunkt eines Abenteuers von Dig und Dag. Die beiden treffen Leutnant Siemens im Jahr 1842 in seiner Haft in der Zitadelle in Magdeburg. Der Erfinder zeigt Dig und Dag sein Verfahren zur Vergoldung.

Alle Vögel sind schon da

MARIE NATHUSIUS

Marie Nathusius, geborene Scheele, wuchs im Pfarrelternhaus in Calbe an der Saale auf. Ihr ganzes Leben lang war sie voller Wissbegierde und Tatendrang. Sie gehörte zu den meistgelesenen Unterhaltungs- und Jugendschriftstellerinnen ihrer Zeit. Zu ihren Bestsellern gehörte u. a. „Eine Geschichte, die nicht mit der Heirat schließt" (1858). Ihre Bücher wurden bis in die 20er-Jahre des 20. Jahrhunderts verlegt. Sie vertonte Gedichte bekannter zeitgenössischer Dichter wie Hoffmann von Fallersleben. Darunter sein Gedicht „Alle Vögel sind schon da", das bis heute zu den populärsten Volksliedern gehört.

Die rote Stube

Der Sommer erfüllte den Garten mit Sonnenstrahlen. Die Fenster der Studierstube von Marie waren weit geöffnet. Die roten Vorhänge ihrer „roten Stube", wie sie sie nannte, zurückgezogen. In der Blumenstube neben Maries Schreibzimmer standen überall Pflanzen. Efeu und

Ein Buch „Zur Unterhaltung und Belehrung für junge Mädchen, einfach erzählt im Stil der seinerzeit populären Dorfgeschichte“. Die Erzählungen wurden ins Englische, Französische, Dänische und Schwedische übersetzt.

Schlingpflanzen waren saftig grün und schimmerten im Sonnenschein. Besonders liebte Marie die rot blühende Canna, eine wahre Schönheit. In ihrer Studierstube konnte Marie eine halbe Stunde oder länger sitzen und Novellen oder ihr Tagebuch schreiben. Neben ihrer literarischen Arbeit komponierte Marie Melodien zu Gedichten von Novalis oder denen von Hoffmann von Fallersleben, einem Freund der Familie.

Ihr Arbeitsalltag auf Gut Althaldensleben war ausgefüllt. Als Gutsfrau organisierte sie die Arbeit des Personals in der Dampfwäscherei, im Gemüsegarten oder in der Milchwirtschaft des Hofes. Immer aber blieb genug Zeit für ihre Kinder oder zum Nähen von Kleidern.

Marie Nathusius war als junges Mädchen keine höhere Schulbildung möglich. Mit großer Begeisterung las Marie die Geschichtsbücher ihrer Brüder, brachte sich Latein und Französisch im Selbststudium bei. Schon früh lernte sie von ihrer Mutter zu handarbeiten und zu kochen. Ab und zu half sie im Haushalt ihrer Brüder aus.

Stetig nutzte Marie jede Gelegenheit, ihren Wissensdurst zu stillen. So las sie deutsche, englische und französische Literatur z. B. von Shakespeare, Heine, Novalis oder Eichendorff.

Als Marie 22 war, lernte sie den zwei Jahre älteren Philipp Nathusius kennen. Ein Glücksfall, denn er arbeitete ebenfalls literarisch wie seine Frau. Philipp war auf dem Rittergut Althaldensleben und Schloss Hundisburg aufgewachsen. Sein Vater war in der industriellen Frühzeit der Erste, der in der Region einen Konzern führte. Johann Gottlob Nathusius nannte einen umfangreichen Agrar- und Industriekomplex sein Eigen. Somit genoss Philipp eine umfangreiche Erziehung und Bildung in sprachlicher, künstlerischer und naturwissenschaftlicher Sicht. Der Vater hatte eine Bibliothek von 4000 Büchern.

Mit Philipp Nathusius gab Marie ab 1851 das „Volksblatt für Stadt und Land zur Belehrung und Unterhaltung“ heraus, in dem ihre Romane als Vorabdrucke erschienen. Daneben wurde das Paar im sozialen Bereich aktiv. So gründeten sie u. a. einen Frauenverein für die Ortskrankenpflege und eine „Mädchenarbeitsschule“. In dieser lehrte Marie die Kinder nähen und stricken. In Neinstedt, wo sie später ein Gut hatten, betreuten Marie und Philipp ein „Knabenrettungs- und Bruderhaus“. Daraus entstanden die Neinstedter Anstalten, die sich bis heute um behinderte und psychisch kranke Menschen kümmern. Im Dezember 1857 starb Marie im Alter von gerade mal 40 Jahren. Aus ihrem Nachlass erschienen einige literarische und musikalische Werke. Philipp Nathusius veröffentlichte die Biografie „Lebensbild der Heimgegangenen Marie N.“

Wer reitet so spät durch Nacht und Wind?

MEISTER DER VERTONTEN BALLADE

Carl Loewe wurde 1796 in Löbejün bei Halle geboren. Als zwölftes Kind eines Kantors und Organisten erhielt Carl Loewe eine musisch geprägte Erziehung. So sang er in verschiedenen Knabenchören. An der Latina der Franckeschen Stiftungen in Halle erhielt der junge Musiker Kompositionsunterricht und trat als Sopransänger im Stadtsingechor zu Halle

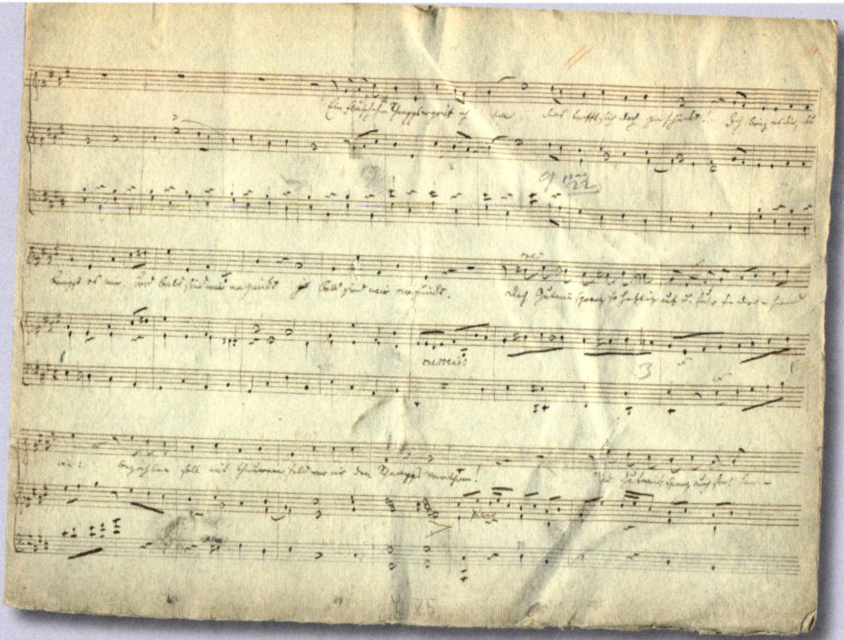

Aus dem einstrophigen Gedicht „Mädchenwünsche“ von J.W. Goethe (1766–1832) hat Carl Loewe ein dreiteiliges Lied gemacht.

und als Solist bei Konzerten auf. Der vielseitig ausgebildete Tenorsänger widmete sich der Ballade und vertonte sie. In den Jahren in Halle schrieb der Musiker fast 50 Kompositionen für Balladen wie Goethes Erlkönig und Edward nach Johann Gottfried von Herder. Sein weiterer musikalischer Weg führte ihn nach Stettin, wo er ab 1821 bis 1866 als Städtischer Musikdirektor, Kantor und Schulmusiker wirkte. In Stettin entwickelte er ein reiches Musikleben und war Lehrer vieler namhafter Personen.

In den Ferien unternahm Loewe zahlreiche Reisen in ganz Deutschland, sogar bis nach Wien und London, wo er seine neuesten Kompositionen dem interessierten Publikum vorstellte.

Carl-Loewe-Museum in Löbejün.

Sein kompositorisches Werk umfasst nahezu 500 Balladen/Lieder und Legenden, 17 Oratorien, Opern, Sinfonien und Instrumentalwerke, die sich zunehmend großer Beliebtheit erfreuen.

Loewes Geburtstadt Löbejün ehrte ihren bekannten Sohn nach seinem Tod 1869 als unerreichten „Meister der Melodie des Volksliedes und der Volkssage, der Schöpfer herrlicher Oratorien", wie auf einer Gedenktafel am Nachfolgebau seines Geburtshauses am Kirchhof in Löbejün zu lesen ist. In diesem Haus arbeitet die 1992 gegründete Internationale Carl-Loewe-Gesellschaft e.V. in der Tradition der Loewe-Vereine des späten 19. Jahrhunderts. Das musikalische Erbe lebt u. a. in den seit 2002 regelmäßig ausgerichteten Carl-Loewe-Festtagen fort.

Seit April 2014 beherbergt das Haus das Carl-Loewe-Museum. Zahlreiche Ausstellungsstücke zeigen das umfangreiche Leben des Komponisten Carl Loewe. Hörstationen mit ausgewählten Musikstücken geben Einblick in seine Kompositionen, von den Balladen bis zu Oratorien und Instrumentalwerken. Der Carl-Loewe-Gesellschaft ist es ein besonderes Anliegen, dass die Besucher die Musik von Loewe erleben können. So ist die im Dachgeschoss befindliche umfangreiche Tonträgersammlung mit Werken von Carl Loewe etwas ganz Besonderes und lädt zum Verweilen ein.

Das Carl-Loewe-Museum wird ehrenamtlich betrieben, deshalb ist der Besuch inklusive Führung über info@carl-loewe-gesellschaft.de oder Telefon 034603-71188 vorher anzumelden.

Carl-Loewe-Museum
Am Kirchhof 2 | Löbejün |
06193 Wettin-Löbejün

Aktuelle Veranstaltungen und weitere Informationen zum Museum gibt es unter:
www.carl-loewe-gesellschaft.de

Tief und gründlich

DER WANZLEBER PFLUG

Er ist schwarz, extrem fruchtbar und speichert viel Wasser: Der Boden in der Börde. Die Magdeburger Börde liegt zwischen der Ohre im Norden und der Bode im Süden, sowie zwischen der Elbe im Osten und der Aller im Westen. Insgesamt eine Fläche von rund 1250 km². Schon 1934 erhielt der Acker in Eickendorf, gelegen zwischen Magdeburg und Schönebeck, den höchsten Bodenwert 100, eine Bestnote. Vor einigen Jahren kam es zu einer neuen Bewertung, wobei auch Klimaindikatoren eine Rolle spielten. In der Region zwischen Eichenbarleben, Schackensleben und Bornstedt erreicht der Wert fast perfekte 99 Punkte. Der Bundesdurchschnitt beträgt 62. Das heißt, selbst 80 Jahre nach der ersten Bewertung ist der Boden in der Börde erstklassig.

Die Magdeburger Börde im 19. Jahrhundert, das war die Zeit, als die Spatenkultur, der Wanzleber Pflug, Schnitterkasernen und Rübenpaläste den landwirtschaftlichen Alltag prägten. Gut 100 Jahre zuvor forderte der Anbau der Wurzelzichorie intensive tiefgründige Bodenbearbeitung. So entstand die „Magdeburger Spatenkultur“. Als die Bauern den Zuckergehalt der Rüben erkannten, begann ein unvergleichlicher wirtschaftlicher Aufschwung in der Magdeburger Börde. Erntehelfer lebten in Schnitterkasernen und die wohlhabenden Bauern bauten sich prunkvolle Häuser, die als Rübenpaläste in die Geschichte eingingen.

Zuckerfabrik Klein Wanzleben, Ansicht 1838.

Ein traditioneller Bördehof mit Fachwerkhaus in der Kirchstraße in Eilsleben Zeichnung von Lothar Donath.

„Miene Börde, Grote Felder, gräune Wieschen", schrieb der Autor Martin Merbt (1924–2006), der einen Großteil seines Lebens in Domersleben verbrachte, in Bördeplatt. Wie schön die Landschaft ist, lässt sich erahnen: „Un de Himmel blau un wiet, un de Lereken, dee tüdeln in de Sommersunnentiet – Opn Acker mang de Räuben Rührtsich fleißlich manche Hand. Blaumen, Bolln, Zucker, Weiten, dat bist Du, mien Bördeland."

In dem Dorf Klein Wanzleben gründeten 1838 Bauern, Handwerker und Gastwirte die Zuckerfabrik „Peter Wallstab Co.", eines der ältesten Unternehmen für Zuckerverarbeitung und Saatgutzucht in Deutschland. Der Volksmund nannte die Fabrik „Rübenquetsche". 1847 trat Bauer Matthias Rabbethge Senior aus Klein Rodensleben in das Unternehmen, später 1858 Adolf Giesecke aus Salbke. Von nun an ging es aufwärts. Im Jahr 1859 begann Matthias Rabbethge Junior mit der Rübensamenzucht. Das Werk arbeitet bis heute.

In der Landtechnikausstellung des Börde-Museums in Ummendorf steht der einzige komplette Dampfpflugsatz, der in Sachsen-Anhalt erhalten ist. Auch ein Wanzlebener Pflug vom Schmiedemeister Behrendt ist hier zu sehen.

Im Zuge der Industrialisierung, in der zweiten Hälfte des 19. Jahrhunderts, gab es für die Bodenbearbeitung eine technische Neuerung: den Dampfpflug. Die praktikable Nutzung wurde erstmals 1863 in Blumenberg demonstriert. Dampfpflüge haben in der Börde zwischen 1870 und 1964 den Boden tiefgründig bearbeitet. Der Schmiedemeister Christian Behrendt machte sich um 1848 in Wanzleben selbstständig und spezialisierte sich später auf den Pflugbau. Auf einer Veranstaltung des Landwirtschaftlichen Vereins Halberstadt stellte Behrendt 1852 von ihm entwickelte Tiefkulturpflüge vor. Der Gespannpflug ermöglichte die höchstmögliche Krümelung des Bodens bis in eine große Tiefe. Zwar haben einige Tüftler, wie die Gebrüder Wewerka in Böhmen oder Otto in Mertschütz/Schlesien, die vorhandenen Pflüge kontinuierlich optimiert, der Pflug von Christian Behrendt aber war für den Bördeboden, der schwer zu bearbeiten war, ideal. Die Zeit der manuellen Spatenkultur für die Zichorien- und Rübenböden ging seinem Ende entgegen. Fortan feierte der „Wanzleber Pflug“, wie er genannt wurde, große Erfolge, u. a. auf der Weltausstellung 1873 in Wien.

Börde-Museum Burg Ummendorf

- Kräutergarten mit über 400 verschiedenen Pflanzen
- Landtechnikausstellung mit vollständigem Dampfpflugsatz
- Dauerausstellung zum Leben auf dem Land
- regelmäßig wechselnde Sonderausstellungen

www.boerde-museum-burg-ummendorf.de

Ziehen und Schieben

DER KINDERWAGEN

Naether Kinderwagen: ein schwarzer Deichselwagen von ca. 1870 und ein weißer Sitzwagen von 1880.

Ernst Albert Naether wurde 1825 in der Stadt Zeitz geboren. Sein Vater Gotthelf Naether hatte sein Geschäft als Stellmachermeister in der Judengasse 2, in der verschiedene Handwerker wie Bäcker, Instrumentenbauer, Kürschner, Schneider oder Tischler ansässig waren. Ernst Albert Naether lernte den Beruf des Stellmachers in Naumburg an der Saale. Nach seinen anschließenden Wanderjahren (1842–1845) übernahm er den Betrieb seines Vaters und lebte dort mit seiner Familie. Seine drei Kinder, Tochter Anna und die Söhne Albin und Richard, erblickten zwischen 1849 und 1853 das Licht der Welt.

Naether fertigte Kutschen und Schlitten an, aber auch Stuhlwagen für Kinder. Irgendwann, der genaue Zeitpunkt ist unbekannt, baute der Stellmachermeister einen ersten Ziehwagen für Kleinstkinder. Naether brachte auf seinen Untergestellen Körbe an, in denen Kinder liegend transportiert werden konnten. Auf der Leipziger Messe 1852 bot Naether bereits Kinderziehwagen an. Die Nachfrage stieg kontinuierlich. Zunächst zog man die Kinder bzw. Puppen, später erst schob man sie. Der Katalog der Firma E. A. Naether aus dem Jahr 1896 enthielt bereits über 100 verschiedene Modelle, im Katalog von 1901 findet sich ein Puppen-Sportwagen. Der Wagen aus Buchenholz hat verstellbare Beinstützen und eine verstellbare Rückenlehne. Zum Ziehen hat der Wagen zwei schön geschwungene Zugstangen aus Holz mit entsprechenden Handgriffen. Das Modell aus Holz, wenn auch später in leicht veränderter Form, produzierte die Firma E. A. Naether bis 1937. Aus dem kleinen Handwerksbetrieb wurde ein auf Kinderwagen spezialisiertes Unternehmen.

Als Ernst Albert Naether im Jahr 1894 starb, war Zeitz längst als „Stadt der Kinderwagen" bekannt. In dieser Zeit gab es elf Kinderwagenfabriken. Die Söhne und Enkel von Ernst Albert Naether führten das Unternehmen bis zur Enteignung der Firma im Jahre 1946 erfolgreich fort. Nach Gründung des VEB **Ze**itzer **Ki**nder**wa**genindustrie, kurz ZEKIWA, wurden Kinder- und Puppenwagen in der DDR weiter hergestellt. Heute ist die ZEKIWA GmbH im Gewerbegebiet Döschwitz an der Bundesstraße 180, die von Zeitz nach Naumburg (Saale) führt, ansässig.

Die Tradition als Stadt der Kinder- und Puppenwagen wird in Zeitz gepflegt. 150 Jahre nachdem der Stellmacher Ernst Albert Naether seine unternehmerische Tätigkeit begann,

Roter ZEKIWA aus den 50ern, mit Federung, Luftreifen, einen Kofferraum und einer Stoßstange.

Kinderwagenmuseum im Schloss Moritzburg/Zeitz.

eröffnete im Schloss Moritzburg 1996 eine Dauerausstellung auf einer Ausstellungsfläche von rund 600 Quadratmetern. Schon Ende der 1930er-Jahre hatten die Mitglieder des hiesigen Geschichts- und Altertumsvereins die ersten Kinderwagen für ein Heimatmuseum gesammelt.

Inzwischen konnte das Museum im September 2016 nach einer umfassenden Modernisierung wiedereröffnet werden. Im Deutschen Kinderwagenmuseum sind mehr als 600 Kinder-, Sport- und Puppenwagen zu sehen. Im Mittelpunkt steht die Firmengeschichte unter dem Titel „Die Naether-Jahre 1846–1946“. Gut ein Jahr später konnte, unterstützt durch Fördermittel des Landes Sachsen-Anhalt in Höhe von 65.000 Euro, der zweite Teil der Dauerausstellung „Von 1946 bis heute“ umgestaltet werden.

Liebhaber der Zeitzer Kinder- und Puppenwagen gibt es zahlreiche. Im Mai 2018 fand das nunmehr 3. Zekiwa Fanclubtreffen statt. Zu sehen sind Kinderwagen und Puppenwagen ab 1850 bis 1990, die in Zeitz hergestellt wurden. Für Jacqueline Bechler aus Großhartmannsdorf, Freistaat Sachsen, eine besondere Veranstaltung. Mit viel Liebe zum Detail restauriert sie nostalgische Kinder- und Puppenwagen (www.antike-und-nostalgische-kinderwagen.com).

Deutsches Kinderwagenmuseum
Schloss Moritzburg | Schlossstr. 6 | 06712 Zeitz
www.zeitz.de

Dichtes und fest

DER GRUSONSCHE HARTGUSS

Büste Hermann Gruson im Eingangsbereich der Gruson-Gewächshäuser.

Die Vorfahren des späteren Unternehmers Hermann August Jacques Gruson waren Hugenotten und als Glaubensflüchtlinge nach Mannheim gekommen. Als französische Truppen 1689 Mannheim zerstörten, befanden sie sich erneut auf der Flucht und kamen gemeinsam mit anderen Hugenotten nach Magdeburg. Die Stadt gehörte seit 1680 zu Brandenburg-Preußen. Nur fünf Jahre später erließ Kurfürst Friedrich Wilhelm 1685 das Edikt von Potsdam, das Hugenotten gestattete, sich im Gebiet Brandenburg-Preußen niederzulassen. So entstand 1685 die Französische Kolonie zu Magdeburg (la Colonie Française de Magdebourg). Für die nach dem Dreißigjährigen Krieg nach wie vor dünn besiedelte Region bedeutete das einen wirtschaftlichen Aufschwung.

Die Gruson-Gewächshäuser 1896.

Der Geburts- und Wohnort des am 13. März 1821 geborenen Hermann August Jacques Gruson ist recht ungewöhnlich. Er wird als ältester Sohn von Premierleutnant Louis Abraham und Louise Karoline Wilhelmine Gruson in der alten Zitadelle zu Magdeburg geboren. Magdeburg war preußische Festungsstadt mit tiefen Festungsgräben, dunklen Bastionen und dicken Festungsmauern. Ab 1834 besuchte Hermann Gruson das Domgymnasium. Da ihn Technik interessierte, wechselte er an die Gewerbe- und Handelsschule in Magdeburg, wo Gruson 1839 sein Reifezeugnis ablegte.

In den folgenden Jahren absolvierte er zunächst als Volontär in der Lokomotivfabrik von August Borsig in Berlin eine praktische Ausbildung. An der heutigen Humboldt-Universität zu Berlin eignete er sich Wissen auf naturwissenschaftlichem Gebiet an. Später arbeitete der Ingenieur als Maschinenmeister, Konstruktionschef und Technischer Dirigent. Mit seiner Familie, seit 1847 ist Gruson verheiratet und hat zwei Töchter, ging er zum 1. Juni 1854 als technischer Direktor zur „Vereinigten Hamburg-Magdeburger Dampfschiffahrs-Compagnie“ in Buckau. An diesem Ort an der

Elbe, 1887 von Magdeburg eingemeindet, hatte sich seit 1838 vermehrt Industrie angesiedelt.

Im Sommer 1855 gründete Gruson an der Sülze in Buckau die „Maschinen-Fabrik und Schiffsbauwerkstatt H. Gruson Buckau-Magdeburg“, ab 1886 als Grusonwerk AG Buckau. 1857 gelingt es dem Unternehmer nach einer kurzen Krise in seiner Gießerei ein besonders dichtes, festes und zugleich für Schalenguss geeignetes Gusseisen herzustellen. Hierzu mischte er verschiedene Roheisensorten (Gattieren). Der Grusonsche Hartguss ebnet ihm den Weg für ein erfolgreiches Werk. 1858 beschäftigte Gruson bereits 250 Menschen und lieferte Hartguss-Produkte für den Maschinenbau und den Eisenbahnbau in ganz

Die Bastion Cleve, südöstlicher Abschluss der einstigen Festung Magdeburg, war der Geburtsort des Erfinders Gruson.

Deutschland. Auf den Produkten der Lokomotiv- und Waggonhersteller stand oftmals der Hinweis „nur mit Gruson’schen Hartgussrädern“. Am 15. Juli 1867 kann Hermann Gruson seine Produkte auf der Pariser Weltausstellung ausstellen.

1869 bis 1871 baute der erfolgreiche Unternehmer ein neues Werk an der Marienstraße. Die Produktion wurde u. a. um Hebe-, Winde- und Kippvorrichtungen und Verladeeinrichtungen erweitert. Am 1. Mai 1889 ernannte Magdeburg Hermann Gruson für seine Verdienste zum Ehrenbürger der Stadt. Im Juni 1891 war Gruson 70 Jahre alt und zog sich ins Privatleben zurück. Er verstarb am 3. Februar 1895 und wurde unter großer Anteilnahme auf dem Südfriedhof Magdeburg beigesetzt. Friedrich Krupp hatte das Grusonwerk 1893 gekauft. Unter dem Namen Friedrich Krupp AG Grusonwerk firmierte es bis 1945. In der DDR war es als SKET, VEB Schwermaschinenbau-Kombinat „Ernst Thälmann", einer der größten Arbeitgeber Magdeburgs. Heute führt die SKET GmbH die Tradition des Maschinenbaus fort.

„Grusonia bradtiana"

Hermann Gruson war aber auch Botaniker. In seinen letzten Lebensjahren hat Gruson sich intensiv seiner Pflanzensammlung gewidmet. Er hatte die wohl größte Kakteensammlung Europas. Gruson zu Ehren erhielten zwei Kakteenarten später seinen Namen. Der kugelrunde und stachlige „Echinocactus grusonii", auch Goldkugelkaktus oder augenzwinkernd „Schwiegermuttersitz" genannt. Der andere trägt den Namen „Grusonia bradtiana". Hermann Gruson vermachte seine umfangreiche Pflanzensammlung samt einem größeren Geldbetrag der Stadt Magdeburg. Seit 1896 können die Bürger die von diesem Geld errichteten „Grusonschen Gewächshäuser" besuchen.

Immer wieder hat die Stadt das Haus erweitert und saniert. In verschiedenen Schauhäusern unter 4000 m^2 überdachter Fläche sind ca. 4500 Pflanzenarten, darunter viele seltene, inzwischen vom Aussterben bedrohte exotische Pflanzen zu sehen (Stand Februar 2018).

Die Gruson-Gewächshäuser befinden sich im Süden Magdeburgs im Klosterbergegarten an der Elbe.

Weitere Informationen zu Öffnungszeiten und Eintrittspreisen finden sich auf der Webseite unter www.gruson-gewaechshaeuser.de.

Eine starke Frau

ANGELIKA HARTMANN

Noch zu Lebzeiten, im Jahr 1914, schenkten Leipziger Eltern und Kindergärtnerinnen der Stadt Köthen ein Denkmal zu Ehren von Angelika Hartmann.

Angelika Hartmann wurde 1829 in Köthen geboren. Sie kam als zweites Kind des Inspektors der Töchterschule, Carl Eduard Hartmann, auf die Welt. Schon früh verlor die spätere Pädagogin ihre Eltern. Ihren Lebensunterhalt verdiente die Waise als Kindermädchen und mit Privatstunden. Der Gymnasialprofessor Dr. Karl Schmidt, ein Verwandter, stand dem jungen Mädchen unterstützend zur Seite. Er und andere

Personen erkannten Angelika Hartmanns pädagogische Begabung und empfahlen ihr eine Ausbildung zur Erzieherin. 1859 ging sie nach Dresden und ließ sich bei Dr. Bruno Marquart zur Kindergärtnerin ausbilden. Dr. Bruno Marquart leitete eine Privatschule und arbeitete im Sinne der Lehre Friedrich Fröbels (1782–1852). Angelika Hartmann war sehr angetan und gründete zunächst in Dresden einen privaten Kindergarten. Sie entschied sich jedoch, wieder nach Köthen zurückzugehen.

Zu Ostern 1864 eröffnete sie nach Fröbelschen Grundsätzen in ihrer Heimatstadt den ersten konfessionsfreien Kindergarten. Ende 1865 wurden etwa 60 Kinder im Vorschulalter von zweieinhalb bis sechs Jahren gebildet und erzogen. Für den Wechsel zur Schule richtete sie eine Vermittlungsklasse ein. Die Pädagogin gründete später eine dreiklassige Elementarschule und eine höhere Töchterschule. Für die Ausbildung ihrer Angestellten richtete sie ein Seminar für Kindergärtnerinnen und Lehrerinnen ein. In Erinnerung an ihren Lehrer hieß diese Bildungsanstalt „Dr. Karl-Schmidt-Institut“. Das Köthener Institut sollte Anreiz für weitere Gründungen in der Region sein.

1875 ging Angelika Hartmann nach Leipzig. Sie gründete 1876 den „Leipziger Fröbelverein“ und bildete Kindergärtnerinnen und Lehrerinnen aus. Aus ihren langjährigen praktischen Erfahrungen schöpfend, publizierte sie 1904 das Lehrbuch „Fröbels Erziehungsmittel nach der Konzentrationsidee bearbeitet für Kindergarten und Familie“. Die Kinder sollten sich über eine Reihe von Tagen auf ein Objekt konzentrieren. Alle Spiele und Beschäftigungen sind um den Gegenstand gruppiert. Für die Pädagogin eine wichtige Basis für den späteren Schulunterricht. Unter ihrer Ägide wurden mehrere tausend Frauen qualifiziert ausgebildet.

Als die Pädagogin 70 Jahre alt war, rief sie in Köthen eine Stiftung ins Leben, die nach ihr benannt wurde. Einmal jährlich sollte eine Köthener Witwe eine Erziehungsbeihilfe erhalten.

Angelika Hartmann starb am 22. März 1917 in Leipzig im Alter von 87 Jahren, alleinstehend und kinderlos. In der Geschichte der Pädagogik wird ihr Wirken kaum gewürdigt, in ihrer Heimatstadt aber ist sie unvergessen. In Köthen tragen eine Kindertagesstätte und eine Schule für geistig Behinderte ihren Namen.

„Sauber, nur sauber, ganz gleich was es kostet!“

DIE BUCKAUER SCHRAUBE

Die Lokomobile von Rudolf Wolf, noch heute am Schriftzug erkennbar.

Rudolf Ernst Wolf wird am 26. Juli 1831 in Magdeburg geboren und er wird den Maschinenbau revolutionieren. Sein Vater war Lehrer für Mathematik, Geschichte und Griechisch am Domgymnasium in Magdeburg. Kurze Zeit besuchte Rudolf Wolf diese Schule. Eine Dampferfahrt auf der Elbe, so heißt es, soll bei ihm das Interesse für den Maschinenbau geweckt haben. Am Realgymnasium legte er 1847 die Mittlere Reife ab. Sein Weg bis zur Gründung eines eigenen Unternehmens war sehr vielschichtig. Vom Praktikanten in der Maschinenfabrik der „Vereinigten Hamburg-Magdeburger Dampfschiffahrts-Compagnie“ und einer theoretischen Ausbildung an der Provinzial-Gewerbeschule in Halberstadt führte ihn sein Weg nach Berlin. 1851 bis 1854 war Wolf in der „F. Wöhlert’schen Maschinenbau-Anstalt“ in Berlin unter dem Chefingenieur und technischen Direktor Hermann Gruson als Volontär tätig.

Den Anstoß für sein späteres Unternehmen erhielt Rudolf Wolf als Oberingenieur in der Maschinen- und Kesselfabrik Gotthilf Kühn in Stuttgart-Berg. Das Werk baute auch Dampfmaschinen, die beweglich waren, sogenannte Lokomobilen. In Deutschland wurden sie nur von wenigen Fabriken hergestellt. Für den Ingenieur Rudolf Wolf stand der Entschluss fest: In Magdeburg Buckau wollte er eine Maschinenfabrik speziell für den Bau von Lokomobilen errichten. Der Konstrukteur war von dieser Zukunftstechnologie überzeugt. Die mobilen Dampfmaschinen eigneten sich sehr gut für den Antrieb der Pflüge, die auf dem Äckern der Börde eingesetzt wurden.

Voller Tatendrang kaufte Wolf im März 1862 ein Grundstück.

Innerhalb kürzester Zeit begann er mit dem Bau des Fabrikgebäudes, eines Wohnhauses und eines kleinen Verwaltungsbaus. Das Startkapital bestand aus einer 8-PS-Lokomobile der Firma G. Kühn in Stuttgart-Berg sowie aus einigen Werkzeugmaschinen aus verschiedenen Maschinenfabriken. Am 16. Juni des gleichen Jahres startete das Unternehmen mit sechs Mitarbeitern. Rudolf Wolf legte als Unternehmer viel Wert auf Qualität. Er prägte, so heißt es, den Ausspruch „Sauber, nur sauber, ganz gleich was es kostet!“ Seine Einstellung führte zum Erfolg.

Die erste Lokomobile der Firma Wolf war von 1862 bis 1887 auf einem landwirtschaftlichen Anwesen bei Staßfurt im Einsatz. Diese trieb Dreschmaschinen an, Pferde zogen die Maschine zum jeweiligen Einsatzort. 1888 kaufte Rudolf Wolf die erste Lokomobile zurück und nutzte es als Antriebsmaschine in der Tischlerei seiner Maschinenfabrik. Nach gut 15 Jahren, im Jahr 1904, schenkte der Ingenieur dem Deutschen Museum in München die Lokomobile.

Als Ingenieur entwickelte Wolf 1876 die Buckauer Schraube, auch Wolfsche Schiffsschraube genannt. Der Magdeburger Großreeder Johann Friedrich Andreae, der sich der Dampfschifffahrt widmete, gab dazu 1876 den entscheidenden Impuls. Die gusseisernen Propeller waren unflexibel. War der Wasserstand der Flüsse niedrig, entstanden die Schäden an den Propellern. Mit der von Wolf neu entwickelten Schiffsschraube konnte ein einzelner Flügel ausgetauscht werden. Für die Maschinenfabrik R. Wolf ein weiteres Produkt, das großen Absatz fand.

Der Unternehmer Wolf verstand sich als Patriarch im positiven Sinne und kümmerte sich um seine Angestellten, für die er sich verantwortlich fühlte. Schon vor Reichskanzler Otto von Bismarck, zu dessen Familienbesitz das Schloss Schönhausen bei Stendal gehörte, war Rudolf Wolf die soziale Absicherung seiner Angestellten wichtig. Ab 1883 führte Bismarck die gesetzliche Krankenversicherung, dann die Unfallversicherung und schließlich 1891 die Rentenversicherung ein. Rudolf Wolf gründete bereits 1881 eine Pensions-, Witwen- und Waisenkasse. Für Beamte und Arbeiter der Maschinenfabrik R. Wolf gab es ab 1895 Kur- und Erholungshäuser in Braunlage im Harz.

Lokomobile aus Magdeburg/Buckau, Baujahr 1919, Fabriknummer 19371, 25,7 kW, hier als Antrieb eines Steinbrechers.

1899 folgte eine Arbeiterunterstützungskasse für die Angestellten, wenige Jahre später eine Beamtenunterstützungskasse.

Das Unternehmen entwickelte sich sehr gut. Im Jahr 1874 wurde das 500. Lokomobile produziert. 1888 erlitt Rudolf Wolf einen Schlaganfall. Obwohl er beruflich eingeschränkt war, blieb er in leitender Funktion in seinem Unternehmen tätig.

1895 stellt die Maschinenfabrik R. Wolf das 5000. Lokomobile fertig. Nochmal zehn Jahre später wurde das 10 000 Lokomobile gebaut. Für seine gewerbliche Leistung erhielt Rudolf Wolf 1896 auf der Berliner Gewerbeausstellung die „Königlich-Preußische Goldene Staatsmedaille“, eine nur selten verliehene Auszeichnung.

Zum Ende des 19. Jahrhunderts nutzte die Maschinenfabrik R. Wolf in Buckau eine Fläche von ca. 40 000 m^2. In Salbke, 1910 von Magdeburg eingemeindet, konnte das Unternehmen 1899 ein sieben Hektar großes Ackergrundstück in Bahnnähe kaufen. Der Bau des neuen Werks verzögerte sich zunächst, aber schließlich konnte das Buckauer Werk 1905 nach Salbke verlegt werden. Hier fertigte die Maschinenfabrik R. Wolf in den kommenden Jahren komplette Anlagen für Brauereien und Zuckerfabriken.

Der Konstrukteur und Unternehmer Rudolf Wolf starb am 20. November 1910. Auf dem Magdeburger Westfriedhof wurde er am 23. November 1910 unter großer Anteilnahme und Anwesenheit von regionalen Würdenträgern beigesetzt. Die Maschinenfabrik R. Wolf erlangte weltweite Anerkennung.

1911 hatte die Maschinenfabrik R. Wolf 3374 Beschäftigte.

In der DDR entstand aus dem Werk von Rudolf Wolf der VEB Schwermaschinenbau „Karl Liebknecht“, bei den Magdeburgern unter SKL bekannt. Heute befindet sich auf dem Gelände in Salbke der „SKL Industriepark“ als Standort für zahlreiche Unternehmen.

In Buckau, in der heutigen Karl-Schmidt-Straße, der ehemaligen Feldstraße, ist der Unternehmergeist von Rudolf Wolf noch zu spüren. Hier finden sich teilweise Gebäude der Buckauer Fabrik und unter der Hausnummer 13 a steht die 1867 erbaute Villa von Rudolf Wolf.

Ingenieurbaukunst an der Elbe

DAS PRETZIENER WEHR

Während der vergangenen Jahrhunderte führte die Elbniederung immer wieder Hochwasser, besonders im östlichen Teil. Für die Landwirtschaft mit verheerenden Folgen, regelmäßig waren die Felder überflutet. Ringdeiche schützten die Orte im Osten Magdeburgs, aber im 19. Jahrhundert zeigte sich, dass diese den Wassermassen nicht mehr standhielten. Anfang bis Mitte des 19. Jahrhunderts erfolgten Straßen- und Eisenbahndammbauten, die Eisenbahn nach Berlin und die heutige Bundesstraße 1 entstanden. Die neuen Trassen hatten vorsorglich Flutbrücken. Trotzdem kam es zu schweren Hochwassern. Allein in den Jahren 1845 gab es über 100 Deichbrüche, 1862 zahlreiche Überflutungen und 1865 18 Deichbrüche und etliche Überflutungen.

Im März 1869 gründete sich zur Abwehr des Hochwassers im ostelbischen Gebiet der Ehle-Deichverband. Das kleine Kirchendorf Gübs in der Ehleaue, die landwirtschaftlich stark genutzt wurde, war Gründungsmitglied. Gemeinsam mit dem Magdeburger und dem Elbenauer Deichverband wandte man sich 1865 mit einer „Denkschrift in der sogenannten Elbenauer Deichregulierungssache" an die Preußische Regierung. 1869 beschloss diese, einen Umflutkanal für die Elbe und das Pretziener Wehr zu bauen. Zwischen Plötzky und Pechau von der Dornburger Alten Elbe und der Ehle her leitet der Kanal das Wasser in die Überbleibsel verlassener Flussbetten. Zeitgleich zum 21 km langen Umflutkanal wurde etwa 7 km nordöstlich von Schönebeck zwischen Pretzien und

Die Anlage steht auf einem 162,8 Meter langen, 7,50 Meter breiten und 3,80 Meter hohen Sandsteinfundament. Mit den insgesamt 324 aus schweren Eisenplatten bestehenden Schützentafeln gehört es zu den größten seiner Art in Europa. Es war Vorbild für zahlreiche weitere Wehre.

Ranies ein Wehr erbaut. Französische Kriegsgefangene und italienische Arbeiter wurden eingesetzt.

Das Wehr wird bei Hochwasser gezogen. Es leitet circa ein Drittel des Elbewassers in den Umflutkanal weiträumig um die Städte Magdeburg und Schönebeck herum. Dem ersten Hochwasser, Weihnachten 1875, hielt es stand und war für vier Tage geöffnet. Im Februar und März 1876 gab es ein besonders schweres Hochwasser mit Eisgang. Es entstanden Schäden am Bauwerk und es kam auch zu Deichbrüchen. Nach einigen Optimierungen funktionierte das Wehr ohne Probleme. 1879 wurde eine erste Bedienungsanleitung erlassen. Auf der Pariser Weltausstellung 1889 erhielt das Pretziener Wehr für seine Konstruktion die Goldmedaille.

Das Wehr ist bis heute in Betrieb. Nach dem schweren Hochwasser 2002 beauftragte der Landesbetrieb für Hochwasserschutz und Wasserwirtschaft Sachsen-Anhalt eine grundlegende Sanierung, die 2010 abgeschlossen wurde. Im Juni 2013, zum nächsten katastrophalen Hochwasser, zeigte sich, dass das alte Wehr diesem standhielt. Im Juni 2015 erhielt das Wehr im Rahmen des Tags der Ingenieure Sachsen-Anhalt den Titel „Historisches Wahrzeichen der Ingenieurbaukunst in Deutschland“. Es ist das erste Bauwerk in Sachsen-Anhalt, das diese Auszeichnung erhalten hat. Direkt am Wehr befindet sich seitdem eine Ehrentafel. Das Bauwerk, das Magdeburg, Schönebeck und zahlreiche Gemeinden bei Hochwasser vor Überschwemmungen schützt, ist ein eindrucksvolles Beispiel für die Ingenieurbaukunst des 19. Jahrhunderts.

Die größte Binnenschiffswerft Europas

DAS SACHSENBERG'SCHE SCHAUFELRAD

Schon der Schmiedemeister Johann Gottlieb Sachsenberg (1757–1826) war technisch sehr begabt und ließ sich von der Dampfmaschine begeistern. 1784 wurde sein Sohn Johann Gottlieb Sachsenberg geboren, der 1809 den väterlichen Handwerksbetrieb übernahm. Auch er gab sein Wissen weiter und hatte nun gleich drei Söhne, die den Betrieb erbten.

Der Huf- und Waffenschmied starb 1844 und seine Kinder gründeten im März des Jahres das Unternehmen Gebr. Sachsenberg. Vier Arbeiter wurden in der Schmiede beschäftigt. Der neue Betrieb arbeitete als Maschinenfabrik, hergestellt wurden Dampfmaschinen, landwirtschaftliche Geräte, Ziegelpressen und Destillationsgeräte. So der Plan. Ein Gelände kauften die Brüder gleich dazu. Gottfried (1818–1888), der Konstrukteur, vertrat die Firma nach außen. Friedrich (1819–1895) war für die ordnungsgemäße Produktion in den Werkstätten zuständig. Der Kaufmann war Wilhelm (1822–1875). Nach anfänglichen Reparaturarbeiten konzentrierte sich der Betrieb auf den Bau von Dampfmaschinen. Ab 1851 firmierte das Unternehmen unter „Eisengießerei und Maschinenfabrik Gebr. Sachsenberg". 1860 richteten die Fabrikanten eine eigene Gasanstalt ein.

Ab dem Jahresbeginn 1866 starteten sie in eine neue Zeit. Am Elbufer bei Roßlau entstand für die Reparatur von Schiffen eine Werft. Schnell folgte der Bau eigener Schiffe. 1868/69 lief der erste Raddampfer „Hermann“ mit einer Dampfmaschine von 40-PS Leistung vom Stapel. Gebaut für Kapitän H. Römer in Wittenberg, war es das erste Stahlschiff seiner Art, das in Anhalt gebaut wurde. Nur der Boden war aus Holz. Stattliche 60,10 Meter lang, 6,65 Meter breit und bei einem Tiefgang von einem halben Meter 2,35 Meter hoch, machte es auf der Elbe Eindruck. Ab 1876 baute die Werft auch Spezialschiffe wie Schwimmbagger, Tankschiffe, Fischereifahrzeuge und Seeschiffe. Waren es 1846 noch zwölf Mitarbeiter, so stieg die Zahl auf 710 im Jahr 1887.

1885 vergrößerte sich der Betrieb in der Führungsriege um die Söhne von Gottfried und Friedrich. Die Ingenieure Gotthard (1849–1914) und Georg (1850–1936) waren zunächst Teilhaber. 1887 folgte Wilhelms Sohn Paul (1860–1935) als Kaufmann und Kommerzienrat. Ab 1892 wurden die drei Vetter zu Geschäftsführern der neu gegründeten GmbH bestellt.

Zu dieser Zeit war das Schiffbau-Unternehmen der Gebr. Sachsenberg bereits die größte Binnenschiffswerft Europas. Die Werft exportierte ihre Produkte weltweit (außer nach Australien). In dem Betrieb entstanden zahlreiche patentierte technische Neuerungen wie das 1883 erstmals eingesetzte „Sachsenberg'sche Schaufelrad“, die erste Walzen-Muffenrohrpresse (1873) oder Kugelmühlen nach Sachsenberg/Brückner (1877).

Die Gebrüder Sachsenberg GmbH war ein wichtiger Arbeitgeber in Roßlau, ca. ein Drittel der Bevölkerung war hier beschäftigt. Sie gehörten mit ihrem Erfolg zu den Fabriken des Herzogtums Anhalt, die die höchste Steuer zahlen mussten.

Über viele Jahre haben sich die Mitglieder der Familie Sachsenberg für die Stadt Roßlau als Kommunal- und Landespolitiker sowie als Förderer und Stifter engagiert. Kommerzienrat Georg Sachsenberg (1850–1936) gründete 1901 gemeinsam mit seiner Frau die „Georg und Hedwig Sachsenberg-Stiftung“.

Im Laufe der Jahre entstanden Zweigwerften in Köln und Hamburg-Harburg. Infolge der vielen wirtschaftlichen Veränderungen in den ersten Jahrzehnten des 20. Jahrhunderts blieb das Unternehmen nicht im Besitz der Familie Sachsenberg.

Mit Gründung der DDR folgte die Enteignung zugunsten des „VEB Elbe-Werk“ und „VEB Roßlauer Schiffswerft“. Ab 1994 firmierte das Unternehmen als „Roßlauer Schiffswerft GmbH & Co. KG“.

Im Februar 2017 gingen die beiden Betriebe Stahlbau Dessau und Roßlauer Schiffswerft zusammen. Jedes der Unternehmen bringt eine fast 150-jährige Geschichte ein. Geblieben ist der traditionsreiche Name: Roßlauer Schiffswerft GmbH & Co. KG.

Exzentergesteuertes Schaufelrad vor der Roßlauer Schiffswerft (Sachsenberg-Werke).

Süßstoff kontra Rübenzucker

SACCHARIN

Bronzerelief des Ehrengrabes für Constantin Fahlberg auf dem Südfriedhof von Magdeburg.

Mitte des 19. Jahrhunderts war Rohrzucker aus Übersee unerschwinglich und so war die Gewinnung des Zuckers aus Rüben ein großer Fortschritt. Der künstliche Ersatz durch „Kristall-Saccharin – 450-mal so süß wie Zucker!“, wie es auf der Packung aus der Fahlberg'schen Saccharin-Fabrik ab 1887 stand, war revolutionär.

Der Chemiker Constantin Fahlberg (1850–1910) weilte im Frühjahr 1878 als Wissenschaftler in den USA. An der Johns-Hopkins-Universität in Baltimore war er im chemischen Labor von Ira Remsen tätig. Zusammen haben die beiden Chemiker im Mai 1878 die Substanz Benzoesäuresulfimid entdeckt. Erst als sie deren intensiven süßen Geschmack bemerkten, war ihr Interesse geweckt. Publiziert wurde die Entdeckung 1879. Ab 1882 plante Fahlberg gemeinsam mit seinem Onkel, dem Agrarwissenschaftler Dr. Adolph List

Senior (1823–1885), die industrielle Herstellung des künstlichen, Saccharin genannten Süßstoffes. Nachdem Fahlberg und List die Herstellung im Remsen-Fahlberg-Verfahren optimiert hatten, meldeten sie den verbesserten Prozess zum Patent an. Das Warenzeichen Saccharin war gesichert. Das Deutsche Patentblatt veröffentlichte den Namen erstmals im November 1885. In diesem Jahr starb unerwartet Dr. Adolph List. Im April 1886 gründete Fahlberg zusammen mit seinem Vetter Adolph Moritz List (1861–1938) die Firma Fahlberg, List & Co. Die Produktionsstätte entstand in Salbke an der Elbe, im Süden von Magdeburg.

Die erste Süßstofffabrik der Welt begann Anfang März 1887 mit der

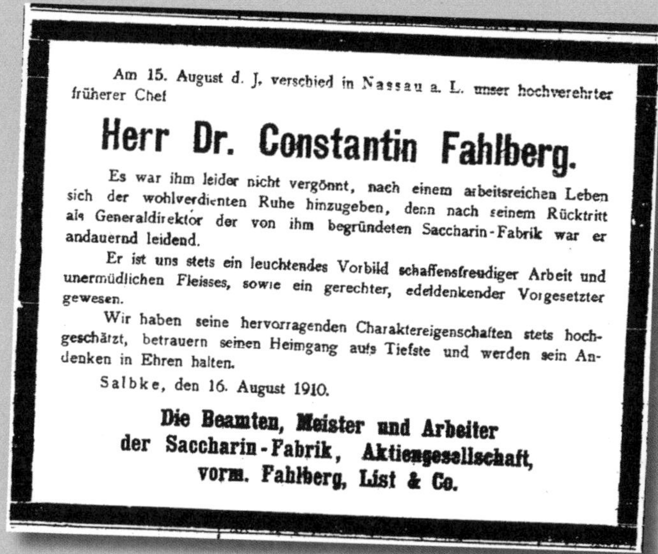

Am 15. August d. J. verschied in Nassau a. L. unser hochverehrter früherer Chef

Herr Dr. Constantin Fahlberg.

Es war ihm leider nicht vergönnt, nach einem arbeitsreichen Leben sich der wohlverdienten Ruhe hinzugeben, denn nach seinem Rücktritt als Generaldirektor der von ihm begründeten Saccharin-Fabrik war er andauernd leidend.

Er ist uns stets ein leuchtendes Vorbild schaffensfreudiger Arbeit und unermüdlichen Fleisses, sowie ein gerechter, edeldenkender Vorgesetzter gewesen.

Wir haben seine hervorragenden Charaktereigenschaften stets hochgeschätzt, betrauern seinen Heimgang aufs Tiefste und werden sein Andenken in Ehren halten.

Salbke, den 16. August 1910.

Die Beamten, Meister und Arbeiter der Saccharin-Fabrik, Aktiengesellschaft, vorm. Fahlberg, List & Co.

Magdeburgische Zeitung Nr. 414, 17.08.1910, Nachruf der Belegschaft der Saccharinfabrik in Salbke auf Dr. Constantin Fahlberg.

Produktion des Saccharin. Das weiße Pulver priesen die Fabrikanten als „Zucker der armen Leute“ an. Ein Gewürz, das Getränken und Speisen eine wohlschmeckende Süße gibt, hieß es. 1894 wurden ungefähr 30 t und 1901 170 t Saccharin produziert.

Der Produktionsstandort Salbke lag mitten in der Magdeburger Börde, seit gut 50 Jahren dem wichtigsten Rübenzucker-Anbaugebiet. Saccharin war weltweit beliebt. Für die Zuckerindustrie mehr als eine unliebsame Konkurrenz und ein echtes Ärgernis. So half nur ein Verbot des künstlich geschaffenen Süßstoffs. Die Reichsregierung erließ 1898 das Saccharin-Gesetz. In einem ersten Schritt war es verboten, den Süßstoff für die Herstellung von Nahrungs- und Genussmitteln zu verwenden. Darauf stand sogar Gefängnis oder Geldstrafe. Privat war der Genuss erlaubt.

Eine Schließung der Saccharin-Fabrik in Salbke kam für die Fabrikanten Fahlberg und List nicht infrage. Allein schon aus Kostengründen. Das Unternehmen stellte sich breiter auf und stellte zunehmend weitere chemische Produkte her. Mit dem zweiten Saccharin-Gesetz von 1902 galt ein generelles Süßstoffverbot. Saccharin gab es nur noch mit einer amtlichen Erlaubnis in Apotheken.

1906 musste Constantin Fahlberg krankheitsbedingt das Unternehmen verlassen. 1907 übernahm August Klages die technische Leitung der Saccharinfabrik AG (vormals Fahlberg, List & Co.). Am 15. August 1910 starb Constantin Fahlberg mit nur 59 Jahren, beigesetzt wurde er auf dem Südfriedhof in Magdeburg.

Im Ersten Weltkrieg, als der Zucker knapp wurde, wurde Saccharin als Ersatzstoff wieder interessant. 1916 wurde das Verbot zurückgenommen. 1922 gab es mit dem dritten Saccharin-Gesetz eine Freigabe mit gewissen Auflagen. Im Zweiten Weltkrieg und in der Nachkriegszeit wurde Zucker rationiert, ganz gleich, ob es der importierte aus Zuckerrohr war oder der einheimische aus Zuckerrüben. Das Saccharin war daher heißbegehrt. Diabetikern gewährt der Süßstoff seit eh und je ein erhebliches Stück mehr Lebensqualität. Auch wenn es immer mal kritische Stimmen gibt und Saccharin nur ein Zusatzstoff ist, der geprüft und zugelassen werden muss, hat es seinen Platz gefunden. In unserem Alltag versüßt es nicht nur Kaffee oder Kuchen. Wo „E954“ draufsteht, ist Saccharin drin, in Medikamenten, kosmetischen Artikeln und in vielen Lebensmitteln für mehr Haltbarkeit und einen besseren Geschmack.

Der Pionier des deutschen Kraftwagenbaus

SYSTEM LUTZMANN

Friedrich Lutzmann, geboren am 5. April 1859 in Nienburg (Saale), absolvierte eine Ausbildung als Bauschlosser und Werkzeugschmied. In Deutschland und im Ausland ließ er sich insbesondere als Kunstschlosser weiter ausbilden. In Dessau eröffnete er nach seiner Rückkehr eine Werkstatt für Bau- und Kunstschlosserei. Nach einem besonders gelungenen

Erster Opel: Der Patent Motorwagen System Lutzmann, 1899.

Werbeanzeige für den Lutzmann-Patent-Motorwagen 1899

Werbung für den Opel Patent-Motorwagen „Lutzmann“,1899.

Auftrag erhielt er als 32-jähriger Kunsthandwerker vom Erbprinzen von Anhalt den Titel „Hofschlossermeister“.

Carl Benz hatte zu dieser Zeit, im Jahr 1886, den ersten Motorwagen entwickelt. Im April 1893 konnte Friedrich Lutzmann einen viersitzigen Benz Victoria Vis-à-vis in Dessau in Augenschein nehmen und war begeistert.

Von nun an wandte er sich dem Automobilbau zu. Lutzmann kaufte sich einen Benz Victoria Vis-à-Vis und setzte das Fahrzeug als Droschke (Taxi) ein. Parallel dazu versuchte er selbst einen Motorwagen zu bauen. Am 15. Mai 1894 verließ der erste Motorwagen „Pfeil 1“ mit 3 PS und einer Höchstgeschwindigkeit von 25 km/h die „Anhaltische Motorenfabrik“. Auf der ersten Internationalen Automobil-Ausstellung (IAA) 1897 war Friedrich Lutzmann neben Carl Benz und Gottlieb Daimler einer von vier Ausstellern.

Zu dieser Zeit war die Firma Opel in Rüsselsheim ein sehr erfolgreicher Hersteller von Nähmaschinen und seit den 80er-Jahren des 19. Jahrhunderts zudem einer der größten Produzenten von Fahrrädern in Deutschland. 1895, als der Gründer Adam Opel starb, beschäftigte das Unternehmen bereits über 1000 Mitarbeiter. Seine Witwe führte das Unternehmen gemeinsam mit den beiden Söhnen Carl und Wilhelm weiter. Das Automobil schien eine lukrative Einnahmequelle zu sein. 1899 kauften die Söhne von Adam Opel die „Patent-Motorwagen-Fabrik“ des Dessauer Automobilpioniers Friedrich Lutzmann.

Den Konstrukteur nahmen sie gleich mit nach Rüsselsheim und machten ihn zum Direktor der Opel-Fahrzeugwerke. Mit Lutzmann produzierten sie den Opel Patentmotorwagen „System Lutzmann“, ihr erstes Automobil. Für den Erfinder eine Chance auf Massenproduktion, die in seinem Werk in Dessau nicht möglich gewesen wäre.

Der Motorwagen wurde im Rüsselsheimer Werk von 1899 bis 1902 als Lizenzbau gefertigt. Der 1,5-Liter-Einzylindermotor im Heck leistete 3,5 PS und beschleunigte den Wagen auf bis zu 20 km/h. Beim Bergrennen auf dem Königsstuhl bei Heidelberg gewann 1901 ein umgebauter Motorwagen System Lutzmann. Für die 7,5 Kilometer lange Strecke brauchte der Wagen ungefähr 17 Minuten mit einer Durchschnittsgeschwindigkeit von 26 km/h. 65 Exemplare des Patent Motorwagens baute Opel. Schließlich aber war „System Lutzmann“ nicht mehr zeitgemäß. Ab 1902 bot sich für Opel in der Kooperation mit dem französischen Automobilhersteller Alexandre Darracq die Chance, ein Automobil mit 8/9 PS zu bauen. Die Opel-Darracq-Fertigung lief in Rüsselsheim an und damit endete auch die Episode des Motorwagens System Lutzmann. Friedrich Lutzmann ging als Unternehmer neue Wege.

Im Technikmuseum „Hugo Junkers“ in Dessau steht ein originaler Nachbau des Opel Patent Motorwagens.

Technikmuseum „Hugo Junkers“ Dessau
Kühnauer Straße 161a | 06846 Dessau
www.technikmuseum-dessau.de

Über den Wolken …

DAS DREIDECKER-FLUGZEUG

Nachbau des Grade Dreideckers von 1997 im Technikmuseum Magdeburg.

Der hochbegabte Ingenieur Hans Grade (1879–1946) interessierte sich seit seiner Jugend für Technik. Vor seinem Studium absolvierte er ein Praktikum in einer Maschinenbaufabrik in Grevenbroich, die Dampfmaschinen baute. Grade begann in dieser Zeit seinen 2-Takt-Verbrennungsmotor zu konstruieren und zu bauen. Recht schnell konnte er seine ersten Patente anmelden. 1905 gründete er die Grade-Motoren-Werke GmbH in Magdeburg. Schon 1907 begann

Horst Grade 1933.

Auf einer Flugveranstaltung auf dem Flugfeld Johannisthal-Adlershof in Berlin.

der Ingenieur mit dem Bau seines ersten Dreidecker-Flugzeugs mit Sechs-Zylinder-Zweitaktmotor. Der 28. Oktober 1908 war ein historischer Tag für Magdeburg. Hans Grade startete den ersten Motorflug Deutschlands auf dem Cracauer Anger der Stadt. Er flog etwa acht Meter hoch und überwand auf dem Flug 100 Meter. Auch wenn das Experiment mit einer Bruchlandung endete, Hans Grade war mit einem Mal national und international berühmt.

Später konnte der Flugpionier seine Fähigkeiten mehrfach unter Beweis stellen. So erhielt der Konstrukteur den von Dr. Karl Lanz ausgeschriebenen „Lanz-Preis“ auf dem Flugfeld Berlin-Johannisthal-Adlershof. Mit dem Preisgeld gründete er die erste deutsche Flugschule und baute später sogar einen Kleinwagen.

Seit Oktober 2015 trägt das Gebäude 14 der Otto-von-Guericke-Universität Magdeburg den Namen „Hans-Grade-Gebäude“. In dem Haus befinden sich der Lehrstuhl für Strömungsmechanik und Strömungstechnik sowie der Lehrstuhl Energiewandlungssysteme für mobile Anwendungen. Damit wird die Tradition exzellenter Ingenieurskünste in Magdeburg bewahrt.

Künstliche Fäden

DIE METALLSPINNDÜSE

Moderne Spinndüsen für Nass- und Trockenspinnen.

Zum Ende des 19. Jahrhunderts schaffte es die chemische Wissenschaft, künstliche Fäden für die Herstellung von Textilien zu entwickeln. Anfang des 20. Jahrhunderts gab es immer mehr Fabriken, die Kunstseide, genannt Viskoseseide, produzierten. Für den Prozess des Spinnens verwendete man Spinndüsen aus Glas, die aber eher nicht geeignet waren. Es gab Probleme mit der Qualität der Stoffe.

Christian Friedrich Eilfeld, geboren am 22. April 1868, war gelernter Uhrmacher. Seit 1892 hatte er eine Werkstatt in Gröbzig. Der Handwerker verkaufte und reparierte nicht nur Uhren, sondern auch mechanische Geräte wie Nähmaschinen, Phonografen und Fahrräder. 1908 beauftragte ihn der Kunstseidenfabrikant Wilhelm Reents, eine Metallspinndüse zu fertigen.

Nach einigen Experimenten gelang Eilfeld im gleichen Jahr die Fertigung der ersten Metallspinndüse der Welt. 1909 war das Patent angemeldet und 1910 begann die Fertigung von Metallspinndüsen für die Kunstseidenindustrie. Friedrich Eilfeld lieferte die Metallspinndüsen anfangs europaweit, später sogar weltweit. Während des Zweiten Weltkriegs war das Unternehmen bereits an den Sohn Fritz übergeben worden, nachdem der Gründer im Juni 1942 gestorben war. Nach dem Krieg folgte die Verstaatlichung, wobei der Betrieb seinen hohen technischen Standard in der Produktion halten konnte. Das Ende der DDR ermöglichte einen Neuanfang, auch wenn der Start sehr schwierig war. Im Jahr 2003 übernahm die Firma Enka Tecnica GmbH die Spinndüsen-Fabrik in Gröbzig. Seit Anfang 2015 gehört Enka Tecnica zur Unternehmensgruppe Reifenhäuser GmbH & Co. KG Maschinenfabrik. Die Tradition der Spinndüsen aus Gröbzig blieb erhalten.

Spinndüsenmuseum Gröbzig
Otto Kappes
Breitscheidstraße 15 | 06388 Gröbzig
Telefon: +49 (0) 34976 22210 | Fax: +49 (0) 34976 26067
kontakt@spinnduesenmuseum.de | www.spinnduesenmuseum.de
Öffnungszeiten: Besucher melden sich bitte telefonisch an.

Moderne Spinndüsen für Filamente und Stapelfasern im Schmelzspinnverfahren.

Der neue Bauwille

DER GENERALSIEDLUNGSPLAN BRUNO TAUTS

Zu Beginn des 19. Jahrhunderts beschränkte sich das Stadtgebiet Magdeburgs auf die eng gezogenen Mauern der Altstadt mit den Festungsanlagen. Weit außerhalb lagen die napoleonischen Gründungen der Neuen Neustadt und der Sudenburg. Am Ende des 19. Jahrhunderts, um 1880, hatte sich das Stadtbild komplett verändert. Die städtische Bevölkerung war auf 100 000 Einwohner angewachsen und Magdeburg gehörte nun zu den ca. 30 deutschen Großstädten. Vor allem die Ansiedlung und das Wachstum der Magdeburger Metall- und Maschinenindustrie führten ab 1885 zu einer regelrechten Bevölkerungsexplosion, und die Gebiete um den Hasselbachplatz und Buckau waren extrem dicht bebaut. Die Folge waren schlechte hygienische Verhältnisse und dunkle Wohnungen. Ein für deutsche Städte typisches Problem in dieser Zeit. Kurz vor dem Ersten Weltkrieg lebten durch weiteren Zuzug und verschiedene Eingemeindungen etwa 280 000 Menschen in Magdeburg.

Otto-Richter-Straße Magdeburg,
Bauzeit: 1904 bis 1916,
Farbgebung: Carl Krayl,
unter Leitung von Bruno Taut (1921).

Zu dieser Zeit entstand in England die Gartenstadt-Vision und fand schnell Anhänger. In Magdeburg gründeten 19 Arbeiter des Grusonwerkes 1909 die Genossenschaft „Gartenstadt-Kolonie Reform". Ab 1911 entstanden nach Plänen des Magdeburger Architekten Glimm die ersten vier Häuser. Ab 1912 erhielten die Architekten Bruno Taut und Franz Hoffmann den Auftrag für die Planung der Siedlung. Es entstanden vorwiegend Reihenhäuser mit einer starken Farbgebung. Bruno Taut stellte sich neue Städte vor mit bis zu 500 000 Einwohnern, ohne Mietskasernen, alles im Sinne einer Gartenstadt. Einzelhausreihen mit Gärten wollte er mit der aufkommenden Schlichtheit des Bauhaus-Stils verbinden.

Der Erste Weltkrieg unterbrach die Planungen. Aber danach begann eine Zeit des Aufbruchs für die Kunst und Kultur, wie es das Weimarer Bauhaus ab 1919 zeigte. Später machte das Bauhaus sich auf den Weg. 1925 bis 1926 entstand in Dessau ein Gebäude für die Kunst-, Design- und Architekturschule. Das Bauhaus Dessau ging in eine neue Zeit, die Verbindung mit der Industrie bot neue Reize. Der Unternehmer Hugo Junkers unterstützte von Anfang an die Akteure des Bauhauses. Zusammen mit den Junkerswerken entwarf zum Beispiel der Designer Marcel Breuer seine Stahlrohrmöbel.

Parallel zur Entwicklung des Bauhauses und inspiriert von ihm ging auch Magdeburg in eine neue Zeit. Mit der Gestaltung der „Gartenstadt-Kolonie Reform" in Magdeburg hatten sich Taut und Hoffmann großes Ansehen erworben. Da dringender Bedarf an einer weitreichenden Stadtentwicklung bestand, berief der sozialdemokratische Bürgermeister Hermann Beims 1921 den avantgardistischen und kreativen Architekten Bruno Taut zum Stadtbaurat mit dem Auftrag, für Magdeburg einen Generalsiedlungsplan zu erstellen. Eine Stadt sollte entstehen, für zukünftig 700 000 Einwohner mit innovativen Wohnbedingungen und einer gewaltigen Infrastruktur, wie z. B. dem Ausbau des Straßenbahnnetzes, Bau von Brücken und dem Anlegen von Parks und Grünanlagen. Taut umgab sich mit einem Stab junger und gleichgesinnter Architekten wie Johannes Göderitz und Carl Krayl. Neben der Fertigstellung des Generalsiedlungsplans, der bis in die nachfolgenden Jahrzehnte Wirkung zeigte, setzte Taut seine architektonische Farbgebung in Magdeburg konsequent durch.

Walter Gropius ließ in Dessau die Meisterhäuser als Unterkunft für die Meister des Bauhauses und als Musterhäuser für modernes Wohnen errichten.

Magdeburg wurde eine „Stadt des neuen Bauwillens", die unter dem Architekten Bruno Taut gewagte Wege ging.

Auch wenn nur wenige Ideen von Bruno Taut realisiert wurden, so legte er doch den Grundstein für einen großflächigen Siedlungsbau. Die Architekten Johannes Göderitz und Carl Krayl waren Wegbegleiter Tauts und prägten das Stadtbild ebenfalls. Göderitz war ab 1923 als Magistratsbaurat verantwortlich für die städtische Hochbauverwaltung. Sein großes Projekt ab 1924 war die Planung einer Wohnsiedlung an der Magdeburger Großen Diesdorfer Straße (heute „Hermann-Beims-Siedlung"). Zwischen 1925 und 1932 entstanden in Magdeburg fast 11 000 neue Wohnungen. Architektonisch waren die neuen Siedlungen interessant gestaltet. Grüne Innenhöfe und Wohnungen, die ihren Bewohnern Licht, Luft und Sonne brachten. Nicht zu vergessen die Fassaden, die in der neuen Siedlung farbliche Akzente setzten. Eine Großwohnsiedlung, die ihresgleichen sucht.

Die Stadtplaner verwendeten ein neues Modell des Sozialwohnungsbaus. Seit 1921 waren gemeinnützige Wohnungsbaugenossenschaften im „Verein für Kleinwohnungswesen G.m.b.H“ zusammengeschlossen. Sie erhielten von der Kommune Bauland im Erbbaurecht und zinsgünstige Darlehen. Ideal für ein großflächiges Bauprogramm. So entstanden u.a. die Curie-Siedlung, die Anger-Siedlung, die Siedlung Cracau, die Beims-Siedlung, Siedlungen in Fermersleben und Westerhüsen. Aber auch die von Bruno Taut geplante Gartenstadt-Kolonie Reform oder die Häuser entlang der Otto-Richter-Straße. Der übergeordnete Verein half bei der Beschaffung von Krediten und übernahm die Bauleitung. 1927 wurde der Grundstein für die Magdeburger Stadthalle gelegt, entstanden nach dem Entwurf von Johannes Göderitz.

Noch heute gibt es zahlreiche Gebäude aus der Zeit des „Neuen Bauwillens“, so zum Beispiel das Gebäude der AOK, Volksbad Südost (Gröninger Bad) oder das Haus 10 der Universitätsklinik.

Die Siedlungen sind inzwischen denkmalgerecht instandgesetzt. Eine aufwendige, aber lohnende Aufgabe. Originalanstriche waren zum Teil verdeckt und mussten freigelegt werden. Historische Fenster und Türen wurden rekonstruiert. 2018 wurde die von der WOBAU sanierte Beims-Siedlung für den Deutschen Bauherrenpreis nominiert. Insgesamt hat die Genossenschaft 108 Wohnungen modernisiert. Als „komplexe Sanierung eines denkmalgeschützten Ensembles aus den 1920er-Jahren“ hob die Jury hervor, dass die Siedlung nicht nur denkmalgerecht erneuert wurde, sondern ebenfalls modern ausgestattet.

Bauhauslampe im Industriedesign.

DIY im 20. Jahrhundert

ZICKZACK-NÄHMASCHINE

Nähen mit der Hand war bis Mitte des 18. Jahrhunderts üblich und Schneider war ein anerkannter Beruf. Weltweit versuchten viele Mechaniker eine Möglichkeit zu finden, das Nähen zu vereinfachen und zu beschleunigen, indem man eine Maschine einsetzt. So hat die Nähmaschine zahlreiche Väter. The Singer Company schaffte 1851 in Amerika den Durchbruch. Der Unternehmer und Erfinder Isaac Merritt Singer war nach kurzer Zeit der größte Nähmaschinenproduzent der Welt. Bald kamen die ersten Nähmaschinen nach Deutschland und inspirierten viele Konstrukteure und Metallbauer. Firmen wie Singer, Pfaff und Phoenix eroberten schnell den Markt und zahlreiche kamen dazu. Gut 70 weitere Produzenten soll es 1890 bereits gegeben haben.

Heinrich Mundlos 1836 in Barby (Elbe) geboren, erlernte wie sein Vater das Handwerk eines Schuhmachers. Auf seiner anschließenden Wanderschaft erlernte er zudem den Metallberuf.

1863 gründete er mit Hermann Schulz in Magdeburg die Nähmaschinenfabrik „Mundlos & Schulz“, ab 1874 führte Mundlos die Fabrik allein. Zunächst stellte er Nähmaschinen nach bekannten Systemen wie Singer und HOWE her. 1882 brachte Heinrich Mundlos seine erste eigene Nähmaschine, die

Die Nähmaschine für den privaten Haushalt war und ist eine gute Gelegenheit, preiswert Kleidung selbst zu nähen.

Frauen konnten mit einer Nähmaschine eine kleine „Schneiderei“ betreiben und so die Haushaltskasse etwas aufbessern.

Victoria-Bogenlangschiff-Maschine, auf den Markt. Die Nähmaschine konnte sich schnell etablieren und ab 1884 zog das Unternehmen in eine größere Fabrik. 1890 bestand das Sortiment aus fünf Nähmaschinengrößen von der Handmaschine bis zur schweren Maschine für Schneider. Die Fabrik „Heinrich Mundlos & Co., Magdeburg-Neustadt“ hatte auch Wring- und Waschmaschinen im Angebot. Immer wieder optimierte der Fabrikant seine Nähmaschinen und brachte weitere Maschinen auf den Markt. Hervorhebenswert sind die halbautomatische Lochstickmaschine (1913) und eine Knopflochnähmaschine (1914).

1925 gelang Heinrich Mundlos mit der Schnellnäh-Zickzack-Maschine eine echte Neuheit in der Herstellung von Nähmaschinen für den Haushalt. Die erste Universal-Zickzack-Nähmaschine entwickelte das Werk Mundlos 1931. Eine erste Gewerbemaschine mit Elektromotor folgte 1927. 1928, als der Nähmaschinenfabrikant starb, zählte die Firma rund 1300 Arbeiter und Angestellte. Der Zweite Weltkrieg brachte das Ende der Firma Mundlos.

Raketenauto, Harzer Knaller und James Bond

DAS UNTERNEHMEN SILBERHÜTTE

1928: Die spektakuläre Versuchsfahrt des Raketenwagens auf der Harzbahnstrecke Blankenburg-Halberstadt.

Der kleine Ort Silberhütte liegt im romantischen Selketal im Harz und – Nomen est Omen – wurde hier einst Silber verhüttet, also Silbererz geschmolzen. In der Nähe gab es viele Bergwerksbetreiber, die für den Abbau von Silber und Eisen Sprengstoff brauchten. Deshalb baute der Kaufmann Wilhelm von Gloß 1790 eine Pulvermühle für die Herstellung von Schwarz-, Zünd- und Jagdpulver. 1855 übernahm die Familie Eisfeld den Betrieb, die 1893 die Produktion um Feuerwerksartikel erweiterte. Mit den zwei Kriegen

Stillgelegte Silberhütte.

im 20. Jahrhundert produzierte der Betrieb auch militärische Pyrotechnik wie Leucht- und Signalmittel.

Der 17. Juli 1928 war für das Unternehmen ein besonderer Tag. Die Firma J. F. Eisfeld, Pulver- und Pyrotechnische Werke hatte zusammen mit dem Raketenforscher Max Valier das schienengebundene Raketenauto „Eisfeld-Valier Rak 1“ entwickelt. Nun war es so weit, der Probelauf konnte starten. Als Teststrecke nutzte man Schienen der Harzer Schmalspurbahn zwischen Stiege und Friedrichshöhe. Der Wagen entgleiste, nachdem er gut 100 km/h erreicht hatte. Die „Eisfeld-Valier Rak“ wurde optimiert, ging erneut auf der Harzbahnstrecke Stiege/Thalmühle an den Start und erreichte gut 180 km/h. Das aber reichte Max Valier nicht und ein dritter Start bei Stiege brachte den Wagen auf über 250 km/h.

Nach dem Zweiten Weltkrieg begann der Betrieb ab 1953 wieder mit der Produktion. Zum einen stellte er militärische Pyrotechnik für die NVA her. Der „VEB Pyrotechnik Silberhütte“ mit zeitweise über 800 Mitarbeitern produzierte aber auch Feuerwerksartikel, die in der DDR unter Namen wie Blitzschläge, Rakete Silberschweif, das Tischfeuerwerk „Aus dem Märchenland“ oder der „Harzer Knaller“ bekannt waren, her. Nach der Wende privatisiert, gehören seit 2009 nur noch Übungs- und Leuchtmunition für das Militär zur Produktpalette des Unternehmens.

Am 22. Dezember 2012 titelte die Leipziger Ausgabe der BILD-Zeitung „Silberhütte rüstet James Bond aus. Filmteam orderte Signalraketen aus dem Harz für spektakuläre Unterwasserszenen“. Tatsächlich bestellten die Produzenten des 23. Agententhrillers „Skyfall“ beim Traditionsunternehmen Pyrotechnik Silberhütte GmbH einige Produkte. 50 „Mithras“-Leuchtraketen aus dem Harz sorgten beim großen Finale für ein flammendes Inferno.

Es knackt und knuspert

DEUTSCHES KNÄCKEBROT

Der Ernährungswissenschaftler Dr. Wilhelm Kraft, 1887 in Waiblingen geboren, hielt sich Anfang des 20. Jahrhunderts in Schweden auf. Hier lernte er mit dem „Knäckebrød“ ein landestypisches Produkt kennen. Das Brot war leicht verdaulich, bekömmlich und lange haltbar. Der Wissenschaftler war fest entschlossen, dieses Brot in seiner Heimat einzuführen.

Nach seiner Rückkehr 1912 versuchte Wilhelm Kraft in Berlin Partner zu gewinnen. Er stellt das Knäckebrot Bäckereien vor, aber die fanden keinen Gefallen an der neuen Roggenrezeptur.

Kurzerhand fing Wilhelm Kraft an, selbst zu backen. Der Geschmack überzeugte und erste Händler und Hotels bestellten das Kraft-Knäckebrot. Mutig beschloss er 1927 die Produktion und die Vermarktung zu erweitern. In Berlin-Lichtenfelde kaufte Wilhelm Kraft eine geschlossene Bäckerei auf und firmierte unter dem Namen „Erste Deutsche Knäckebrotwerke Dr. Wilhelm Kraft“. Unermüdlich pries er sein neues Brot an, sei es auf Messen oder mit Vorträgen. Das Knäckebrot war in drei Sorten H (Hausbrot), D (Delikatesse) und K (Kümmel) erhältlich. 1928 erschien seine Abhandlung „Wahrheiten

Knäckebrot aus Roggen, reich an Ballaststoffen.

über das Brot unter besonderer Berücksichtigung des Knäckebrotes". Die Nachfrage stieg kontinuierlich an, ein Ort für ein größeres Werk wurde gesucht. 1931 nahm das neue, leistungsstarke Werk in Burg unweit der Magdeburger Börde seine industrielle Fertigung auf. Ein idealer Standort für die Produktion mit direkter Anbindung an den Elbe-Havel-Kanal und umgeben von Feldern mit Getreide. Die industrielle Herstellung von Knäckebrot begann. Eine Erfolgsgeschichte! Das bekömmliche Brot fand sogar Abnehmer in England, der Schweiz und in den USA.

Während des Nationalsozialismus emigrierte der Fabrikdirektor 1932 in die Schweiz, später verkaufte er das Werk. Als wissenschaftlicher Berater war er weiterhin für die Knäckebrotfabrik tätig. Im Alter von 94 Jahren starb der Förderer des deutschen Knäckebrots 1981 auf der Insel Korfu.

Bis 1939 entstanden die Werke I – III, eine Großmühle, ein Hafen am Elbe-Havel-Kanal und drei Getreidesilos. Der Silo III hatte ein Fassungsvermögen von 2200 Waggons Korn und eine Höhe von 38 m. 1949 bis 1990 gab es die beliebte Köstlichkeit aus dem „VEB Erste Deutsche Knäckebrotwerke". Inzwischen ist das Burger Knäcke zwar ein Unternehmen der Brandt-Familie, aber die Rezeptur blieb unverändert.

Ein Frachtflugzeug auf Reisen

TANTE JU

Mit dem Ingenieur und Unternehmer Hugo Junkers sind zahlreiche Innovationen verbunden. 1859 geboren, ging Junkers 1888 zur Deutschen Continental Gasgesellschaft in Dessau. Mit dem Technischen Direktor Wilhelm von Oechelhäuser jun. entwickelte der Konstrukteur neue Motoren. 1892 hatten die beiden Techniker den ersten Zweitakt-Gegenkolben-Gasmotor entwickelt und Junkers meldet ein Kalorimeter zum Patent an. Auf der Weltausstellung 1893 in Chicago erhielt das Kalorimeter, das den Temperaturunterschied des erhitzten Wassers misst, eine Goldmedaille. Das gleiche technische Prinzip nutzend, konnte der Ingenieur 1894 seinen ersten Gasbadeofen zum Patent anmelden. Diesen entwickelte er zum Durchlauferhitzer weiter. Mit einem Kapitalgeber gründete Junkers im Juli 1895 die Firma „Junkers & Co." Das Werk stellte Kalorimeter, Haushaltsgeräte („Junkers-Thermen") und Gasdruckregler her.

11. September 1957: Auf dem Flughafen München-Riem landen zwei Maschinen des Typs Ju 52, eine für das Deutsche Museum und ein Begleitflugzeug, das auf diesem Bild zu sehen ist.

Hugo Junkers war aber auch Flugzeug- und Motorenbauer. Er prägte den Satz: „Unsere Ziele sind höher gesteckt, nämlich das Flugzeug zu benutzen, um die Menschen und die Nationen einander näher zu bringen.“ Als Ingenieur und Unternehmer konzentrierte er sich seit 1908 auf den Flugzeugbau inklusive der Herstellung von Flugmotoren. 1910 meldete Junkers sein erstes Patent in dem Bereich an, einen speziellen Flügel, der für die gesamte Flugtechnik bedeutend war.

Die „Tante Ju“ ist heute eines der bekanntesten historischen Flugzeuge aus deutscher Produktion. Die Ju 52 konstruierte Junkers als einmotoriges Frachtflugzeug, ausgerüstet mit den patentierten Junkers-Doppelflügeln.

Tante Ju im Deutschen Museum ist seit Juni 2016 bis voraussichtlich 2020 eingelagert.

Weiterentwickelt als dreimotorige Maschine machte die Junkers Ju 52/3m ihren Erstflug am 7. März 1932. Die „Deutsche Luft Hansa AG“ nutzte die Junkers Ju 52/3m als Standard-Flugzeugtyp. Ende 1932 bestellte sie die ersten elf Flugzeuge.

Hugo Junkers’ Entwicklungen im Flugzeugbau galten hauptsächlich der zivilen Luftfahrt. Neben der Ju 52/3m waren es die Junkers F 13, ein Ganzmetallflugzeug, und die G 38, ein viermotoriges Groß-Verkehrsflugzeug, mit denen der Ingenieur Akzente setzte.

Hugo Junkers war bis 1932 Eigentümer der Junkers Motorenbau GmbH und Junkers Flugzeugwerk AG. Der Demokrat und Kriegsgegner wurde von den

Nationalsozialisten 1933 enteignet, er erhielt sogar „Stadtverbot“ für Dessau. Junkers ging nach Bayern und widmete sich der wissenschaftlichen Forschung. Bevor der Ingenieur am 3. Februar 1935 starb, meldete er einige Patente im Bereich Metallhausbau und der Ausstattung mit Mobiliar, Klimaanlagen und Raumdurchleuchtung an. Seit 1935 gehörten die Junkers Flugzeugwerke AG und die dazugehörigen Unternehmen als Staatsbetrieb zum Deutschen Reich. Entgegen dem Ansinnen von Hugo Junkers waren die Werke im Zweiten Weltkrieg einer der wichtigsten Produzenten von Militärflugzeugen.

„See Ju! Eine Tante geht auf Reisen“, hieß es im Juni 2016 in einer Meldung vom Deutschen Museum in München. Das legendäre Flugzeug stand seit 1957 in der „Historischen Luftfahrt“, 1984 zog es in die neue Luftfahrthalle um. Im Sommer 2016 ging Tante Ju auf Reisen. Der Rumpf und die Flügel rollten auf zwei Tiefladern einmal quer durch München. Das Museum wurde saniert, dafür musste ein Teil des Ausstellungsgebäudes leer sein. Vorraussichtlich nach 2020 ist die gute alte Tante Ju für die Besucher im Museum wieder zu sehen.

Technikmuseum „Hugo Junkers“
Kühnauer Straße 161a | 06846 Dessau | www.technikmuseum-dessau.de

Auf der Webseite www.junkers.de gibt es eine umfangreiche Sammlung an Texten, Foto- und Filmdokumenten zum Leben Hugo Junkers und seinem Wirken als Unternehmer.

Deutsches Museum München mit Hauptturm.

Deutsches Museum
von Meisterwerken der Naturwissenschaft und Technik
Museumsinsel 1
80538 München
geöffnet täglich von 9 bis 17 Uhr
www.deutsches-museum.de

Die Wiege der modernen Raumfahrt

DIE PILOTENRAKETE

Rudolf Nebel 1957 mit einem Modellsatelliten.

Rudolf Nebel (1894–1978) gilt als Pionier der Raketentechnik und gründete 1930 den weltweit ersten Raketenflugplatz in Berlin-Tegel. Hier betrieb er gemeinsam mit anderen namhaften Ingenieuren Grundlagenforschung. 1932 entstand die Idee für einen Raketenstart in Magdeburg. Gefördert haben das Projekt der Magdeburger Ingenieur Franz Mengering und Oberbürgermeister Ernst Reuter. Reuter sah in diesem Zukunftsprojekt eine gute Werbung für seine Stadt. Es gab sogar einen förmlichen Vertrag zwischen der Stadt Magdeburg und Rudolf Nebel. Im Januar 1933 beschlossen beide Seiten den ersten bemannten Raketenstart. Der Ort des Geschehens stand nicht gleich fest. Wo lässt man gefahrlos eine Rakete aufsteigen? Das Gut von Amtsrat Alfred Druckenbrodt in Mose, nördlich von Wolmirstedt bei Magdeburg, wurde schließlich ausgewählt.

Die Flüssigkeitsrakete war anscheinend gewaltig: 200 Kilo schwer und über 6 Meter hoch. Das Startgerüst aus Holz war 12 Meter hoch. Die Rakete, betrieben mit Flüssigkeitstreibstoff, flog wahrscheinlich 20 bis 30 Meter hoch und 60 Meter weit. Am Nachmittag des 29. Juni 1933 gelang der Start der Pilotenrakete. Allerdings anders als ursprünglich geplant, unbemannt.

1934 wurde Rudolf Nebel verdächtigt, am Röhm-Putsch beteiligt gewesen zu sein und die Nazis verboten ihm, weiter an der Entwicklung von Raketen zu forschen. Der Raketenkonstrukteur Rudolf Nebel konnte seine Arbeit nicht fortführen. Er starb 1978 im Alter von 84 Jahren.

Rudolf Nebel mit Wernher von Braun.
Eine retuschierte Aufnahme von 1930.

Die Ortschaft Mose, als Wiege der modernen Raumfahrt, hat ihrer „Magdeburger Pilotenrakete“ ein Denkmal gesetzt. Am 6. Juli 2012, im Rahmen der Feier zum 1075-jährigen Bestehen, fand die feierliche Einweihung statt.

Kuscheliges aus der Filmfabrik

DIE ERSTE VOLLSYNTHETISCHE FASER

PeCe Faser: säurefest, laugefest, wasserfest, unentflammbar.

In der Filmfabrik AGFA Wolfen errichteten die Chemiker 1934 eine Versuchsanlage zur Herstellung der ersten synthetischen Faser, PeCe. Mit „Spinnfaser aus Kohle und Kalk“ beworben, hatte das Werk etwas Besonderes entwickelt. Die Faser auf Basis von nachchloriertem Polyvinylchlorid konnte für Textilien genutzt werden und war zudem vielseitig einsetzbar. Seit 1938 in der Filmfabrik AGFA Wolfen großtechnisch hergestellt, hatte die Kunstfaser wertvolle Eigenschaften. Sie war wasserunempfindlich und daher für Planen, Abdeckungen oder Schwimmgürtel ein wichtiger Bestandteil. In Museen und Theatern konnten Stoffe mit der PeCe Faser für Kulissen, Vorhänge und Stoffe zur Dekoration genutzt werden, da sie nicht entflammbar sind. Für Arbeitsschutzkleidung war die synthetische Faser ideal, da der Stoff säurefest ist. Leider hatte die PeCe-Faser etwas gegen heißes Waschen und Bügeln. Von daher war sie für Kleidung weniger geeignet. Als wärmende Unterwäsche aber, die PeCe-Faser wurde u. a. mit Zellwollfasern vermischt, war sie sehr wohl beliebt. Die Trikotagen waren angenehm zu tragen und hatten einen weichen Griff. Für Rheumatiker sollen sie schmerzlindernd gewesen sein.

Du hast den Farbfilm vergessen ...

DER ERSTE COLORFILM

Agfacolor 1936.

John Eggert, 1891 in Berlin geboren, ist der Vater der wissenschaftlichen Fotografie. Er studierte von 1909 bis 1912 Chemie, Mathematik und Physik, wurde promoviert und später habilitierte er sich. Er erhielt den Titel eines Privatdozenten.

1909 plante die in Berlin ansässige AGFA (Aktien-Gesellschaft für Anilin-Fabrikation) ihre Produktionskapazitäten zu erweitern. So entstand in Wolfen eine Filmfabrik. Ab 1921 arbeitete John Eggert im Photochemischen Labor der Agfa in Berlin. Der Forscher leistete Herausragendes, meldete zahlreiche Patente an und leitete mehrere Forschungsprojekte. 1928 erfolgt eine Umstrukturierung und Eggert wurde Leiter des neuen „Wissenschaftlichen Zentrallaboratoriums der photographischen Abteilung der I. G. Farbenindustrie AG in Wolfen".

Hier forschte und entwickelte der Physiker und Chemiker Eggert. 1936 stellte er den weltweit ersten Colorfilm her, die „Farbfotografie für jedermann – ohne Filter und besondere Hilfsmittel“, wie der Film angepriesen wurde. Für die Agfa-Filmfabrik ein grandioser Erfolg.

Das Prinzip bildet bis heute die Grundlage der Colorfilmherstellung. Es dauerte gar nicht lange und die ersten Farbfilme aus dem Material der Filmfabrik Wolfen liefen in den Kinos in Deutschland: „Frauen sind doch bessere Diplomaten“ mit Maria Rökk und Willy Fritsch in den Hauptrollen (1941) und später zum Beispiel der Streifen „Münchhausen“ mit Hans Albers (1943). Parallel zu den Entwicklungen des Farbfilms spielte das Thema magnetische Schallaufzeichung über die Jahre eine wichtige Rolle. Auch hier war John Eggert mit im Team. 1943 wurde in der Wolfener Filmfabrik die Magnetbandproduktion aufgenommen.

John Eggert forschte zu Thermodynamik, Reaktionskinetik, Fotochemie und Fotophysik, zwischen 1921 und 1945 meldet er 240 Patente an. Der aufkommende Nationalsozialismus hat sein Wirken überschattet. Der Wissenschaftler hatte eine Jüdin zur Frau, deren Kind er adoptiert hatte. 1937 sollte Eggert sich von seiner Familie trennen und weigerte sich. Ein schwerer Schritt, der Pionier der Farbfotografie verlor seine Lehrbefugnis. Nur mit der Unterstützung der Mitarbeiter der Filmfabrik konnte er weiter tätig sein. Nach dem Krieg interessierten sich die Amerikaner für seine Forschungen. Der Fotochemiker entschied sich für die Schweiz und nahm 1947 eine Stelle als Professor für Fotografie in Zürich an.

In der DDR ging die Filmproduktion in Wolfen weiter, ab 1964 unter dem Namen „Orwo“, Original Wolfen. In Westdeutschland lebte die Marke Agfa weiter. „Geliebte weiße Maus“ mit Rolf Herricht war einer der ersten Filme der DEFA, der auf Orwocolor gedreht wurde. In der DDR war das Werk ein wichtiger Arbeitgeber, bis zu 15 000 Menschen waren hier tätig. Den Übergang in die Marktwirtschaft schaffte die Filmfabrik nicht, 1994 kam das Aus. Versuche, den Betrieb fortzuführen, scheiterten mehrfach. Erst eine ostdeutsche Investorengruppe unter der Leitung von Dr. Gerhard Köhler gelang 2002 der Neustart. Heute firmiert das Werk unter OrwoNet und sieht sich in der Tradition der Filmfabrik. Das alte Betriebsgebäude ist bereits verlassen. Ab Ende 2015 und endgültig zum April 2017 zog das Unternehmen in größere Hallen im modernen Q-Park in der Nähe von Wolfen.

In einem ehemaligen Produktionsgebäude der Filmfabrik ist heute das „Industrie- und Filmmuseum Wolfen" zu finden. Zu sehen ist die original erhaltene Begießmaschine VII aus den 1930er-Jahren, auf der 1936 der erste Farbfilm gegossen wurde. Neben der Geschichte der Filmfabrik gibt es eine Ausstellung zur Industriegeschichte der Region Bitterfeld-Wolfen.

Das Museum ist ganzjährig dienstags bis sonntags von 10 bis 16 Uhr geöffnet.
www.ifm-wolfen.de

1937 erhielt der Mehrschichtenfarbfilm auf der Pariser Weltausstellung den „Grand Prix".

HALLOREN-KUGEL UND OTHELLO-KEKS

Halloren-Kugel

Zucker war wie Kakao lange Zeit ein teures Importgut. Seit es ab Mitte des 19. Jahrhunderts mit den heimischen Zuckerrüben eine preiswertere Alternative zum Rohrzucker gab, wurde Schokolade attraktiver. Insbesondere der Adel liebte es, in einer Konditorei bei einer Tasse Schokolade zu plaudern, wie es in Frankreich, Italien und Spanien schon längst Mode war. Die ersten Firmen stellten Schokolade überwiegend in Handarbeit her. Erst mit der Industrialisierung vereinfachte sich die Herstellung. Dampfmaschinen zogen in die Betriebe ein und der Begriff „Dampf-Schokolade“ kam auf.

Konditormeister Friedrich August Miethe gründete 1804 in Halle/Saale eine kleine Konditorei und Honigkuchenbäckerei, in der die ersten Schokoladenprodukte hergestellt wurden. 1851 kaufte Konditor Friedrich David das Unternehmen und expandierte. Für den Produktionsstandort Große Wallstraße wurde die erste Dampfmaschine zur maschinellen Schokoladenherstellung in Betrieb genommen. Neben Kuchen und Torten gehörten Eis, Honigkuchen und Schokoladenprodukte zum festen Sortiment. Ab 1870 trafen sich Intellektuelle, Künstler und Unternehmer im Café David an der Alten Promenade. Eine exklusive Konditorei mit unglaublicher Ausstattung: über 1400 Sitzplätze, eine luxuriöse

Außenanlage, Kolonnaden und ein großer Orchesterpavillon! Schokolade war beliebt und das Unternehmen von Friedrich David florierte. 1896 wurde die neue Fabrik in der Delitzscher Straße in Betrieb genommen. Die Produktionsstätte ist bis heute an diesem Standort. Von Anfang an war es ein Familienunternehmen und jeder der drei Söhne leistete seinen Anteil.

Anfang des 20. Jahrhunderts beschäftigte die Fabrik rund 2500 Mitarbeiter und überlebte selbst den Zweiten Weltkrieg. Mit der DDR kam 1950 das Aus für die privatwirtschaftliche Schokoladenherstellung, wie so viele Unternehmen wurde die Familie David enteignet.

Die Zeit der Halloren Schokoladenfabrik brach an. Aber Schokolade war in den ersten Jahren teuer,

Unter dem Namen „Mignon“, benannt nach einer Oper von Ambroise Thomas, kreierte die Schokoladenfabrik eine weit über die Stadtgrenzen hinaus beliebte Praline.

Halloren-Kugel um 1960.

Zucker und Milch oder Trockenmilchpulver aber gab es ausreichend. Ab 1952 kreierte das Unternehmen die Halloren-Kugel: schwarz-weiß, Sahne-Cacao-Füllung mit Schokoladenüberzug, verpackt in roten Packungen. In den ersten Jahren ein besonders edles Produkt, hergestellt per Hand. Der Betrieb stellte täglich unglaubliche 6000 Stück her. Ab Ende der 1950er-Jahre steigerten automatische Anlagen die Produktion auf 50 000 Stück am Tag. Dank der erfolgreichen Privatisierung nach dem Fall der Mauer gibt es die kleinen Pralinen nach wie vor, klassisch und in exotischen Geschmacksrichtungen.

Ein sehr berühmter Schokoladenbotschafter war der ehemalige Bundesaußenminister Hans-Dietrich Genscher. Aufgewachsen in Halle/Saale führte ihn sein Schulweg in den 1930er-Jahren nämlich an der Schokoladenfabrik vorbei. „Einmal im Leben wollte ich so viel Schokolade wie nur möglich naschen“, ist von Hans-Dietrich Genscher in der Broschüre „60 süße Jahre Original Halloren Kugeln“ aus dem Jahr 2012 zu lesen. Die Geschäftsführung der Halloren Schokoladenfabrik überreichte Genscher 1995 einen symbolischen Schlüssel und seitdem war er Schokoladenbotschafter.

Der Name „Halloren Kugel“ leitet sich übrigens von den Knöpfen der Tracht der angesehenen halleschen Salzwirker-Brüderschaft ab. 1491 gegründet, ist diese heute ein anerkanntes immaterielles Kulturgut. Die Stadt Halle lag in einem Siedlungsgebiet mit zutage tretenden Sole-Quellen. Strohbedeckte Siedekote waren die mittelalterlichen Stätten der Salzbereitung und standen auf dem Hallmarkt. Die Salzwirker stellten das Siedesalz her. Diese Salzarbeiter schlossen sich zu der „Salzwirker-Brüderschaft im Thale zu Halle“ zusammen. Die Mitglieder sind die Halloren.

Othello-Keks

1906 nahm die Kant Cacao und Chocoladen Fabrik in Wittenberg ihren Betrieb auf. Großaktionär war die Rabbethge & Giesecke AG in Kleinwanzleben. Die Zuckerfabrikanten beteiligten sich an weiteren Unternehmen wie an der Bodezuckerfabrik GmbH in Oschersleben und an der Zuckerraffinerie Magdeburg AG. Produziert wurden Schokoladen- und Kakaoerzeugnisse. Sehr beliebt waren die „Kant Schokolade“, aber auch die Kant Husten-Bonbons. Während des Zweiten Weltkrieges ruhte die Produktion. Nach 1945 stellte die Fabrik zunächst Lebensmittel her, die dringend gebraucht wurden, wie Kunsthonig, Haferflocken, Kaffeeersatz und Nudeln.

Wenige Jahre später gab es wieder Bonbons, Fondants, Erzeugnisse aus Gelee, Lakritzartikel und Schaumzuckerwaren. 1950 kam das Sortiment der Firma „Nadena“-Auerbach dazu. Jetzt gab es Dauerbackwaren und später Puddingerzeugnisse und Artikel aus Buttergebäck aus dem „VEB Süßwarenfabrik Nadena Kant“. Vielleicht war der Name zu lang. 1954 entstand der Name, der noch heute gilt, WIKANA. Ein Wortspiel aus: WI(ttenberg)-KA(nt)-NA(dena).

Othello Keks,
Verpackung in der DDR.

Der Othello Keks, der Schokokeks à la Ost, wird langsamer gebacken als der Butterkeks, damit er nicht bröselt.

Nach dem Ende der DDR fiel der Neustart zunächst schwer. Seit Juni 1997 firmierte das Unternehmen unter „Wikana Keks und Nahrungsmittel GmbH“. Zu dieser Zeit konnte sich die Produktion von Keksen kontinuierlich auf ca. 3500 Tonnen im Jahr erhöhen. 2013 waren es bereits 5000 Tonnen im Jahr. Inzwischen hat sich das Wittenberger Unternehmen zu einem Spezialisten in der Herstellung von Biokeksen und -gebäck entwickelt. Außerdem sind fair gehandelte Kekse, sowie zuckerfreies und laktosefreies Gebäck im Angebot.

Aber mehr noch, die Lieblingskekse aus der DDR haben ihre Kunden gefunden. Der „Othello Keks“ mit Kakao, der Cottbuser Keks und der runde Butterkeks mit der Lutherrose. Seit 2004 wieder da, der Hansa Keks aus Mürbeteig. Bis Mitte der 1990er-Jahre kam er aus einer sächsischen Keksfabrik und erst seit 2004 gibt es den Keks aus Wittenberg.

Wittenberg ist die Lutherstadt schlechthin. Von daher ist „Lutherbrodt“ eine der Spezialitäten, die nach altem Rezept aus Luthers Zeiten gebacken wird. 2017, als sich der Thesenanschlag des Reformators zum 500. Mal jährte, hatte WIKANA sich etwas Besonderes ausgedacht. Ein Keks mit den verschiedenen Wahrzeichen der Lutherstadt: Stadtkirche, Schlosskirche, Thesentür und Martin Luther.

Das Schokoladenmuseum der Firma Halloren lässt in die Geschichte der süßen Köstlichkeit eintauchen. Nicht nur einzelne Kunstwerke aus Schokolade sind zu sehen, sondern sogar ein komplettes Zimmer.

Mehr Informationen gibt es auf: www.halloren.de.

Fertignahrung fürs Kind

MILASAN

Seit Ende des 19. Jahrhunderts gab es in Stendal eine Zuckerfabrik. Ab 1948 produzierte der Betrieb unter dem Namen „VEB Dauermilchwerke Stendal und Genthin“ Trockenmilch. Ab 1958 stellte der VEB als Ersatz für Säuglingsmilch die Fertignahrung CITROSAN her. Milasan, der Name für eine neue Fertignahrung für Säuglinge ab 1966, setzt sich aus dem Wort „Milch“ und dem lateinischen Wort „sanus“ zusammen, was so viel heißt wie „gesund“. Anfangs gab es die Fertignahrung in den Mütterberatungen. Babysan ergänzte als Trockenmilch das Angebot für Säuglinge. Später produzierte das Werk das lösliche Vollmilchpulver „Cafésan“ für den Kaffee.

Babysan in der blauen Packung und Milasan in dem gelb-roten Karton für EVP 3,15 Mark bekam ab 1969 ein Babygesicht in schwarz-weiß. 18 Jahre lang, bis zum Ende der DDR, ging es millionenfach über den Ladentisch.

Der VEB Dauermilchwerke Stendal und Genthin stand für Babysan, Citrosan und Milasan.

Der „blaue Schönebecker“

TRAKTOR ZT 300

Der Traktor aus Schönebeck/Elbe – ein Tausendsassa, der sich vielseitig einsetzen lässt. Mit seinen 90 PS konnte der ZT 300 ordentlich pflügen, ernten und schleppen. Ab 1967 produziert, prägte der Traktor die Landwirtschaft in der DDR. Der „blaue Schönebecker“, wie er wegen seiner Farbe hieß, war z. B. auch in Äthiopien, Ungarn, Spanien und Frankreich beliebt.

Der traditionelle Traktor Fortschritt ZT 300 in der Farbe Hellblau.

Die Geschichte des ZT 300 beginnt mit einem Beschluss des Ministerrats der DDR 1962. Die Landwirtschaft sollte verbessert werden, u. a. mit einem Traktor, der eine Leistung von 100 PS und eine Zugkraft von 14 kN hat. Die DDR wollte so zur Weltspitze gehören. Das erste Funktionsmuster des ZT 300 stand 1964 für ausgiebige Tests zur Verfügung. Nach Optimierungen produzierte das Traktorenwerk Schönebeck den ZT 300 ab 1967 in Serie. Der Kopf hinter dem modernen und leistungsfähigen Traktor war Chefkonstrukteur Dipl. Ing. Reinhard Blumenthal, der von 1951 bis 1994 im Werk angestellt war.

Der „VEB Traktorenwerk Schönebeck“, 1984 bis 1990 „VEB Traktoren- und Dieselmotorenwerk Schönebeck“, war der einzige Traktorenhersteller in der DDR. Die Modelle ZT 300, von 1967 bis 1982, und ZT 320, von 1983 bis 1990, waren klassische Traktoren. Der ZT 303, von 1972 bis 1982, und der spätere ZT 323 hatten Allradantrieb.

Die Landmaschinen waren ein DDR-Exportschlager. In über 70 Ländern sollen sie verkauft worden sein, sogar an US-Farmer.

Der ZT 300 in Sienagrün mit Überladewagen Horsch UW 160.

Speziell für die Hausfrau

DAS WASCHMITTEL SPEE

1876 gründete Fritz Henkel die Firma Henkel & Cie. 1907 kam das Waschmittel Persil auf den Markt, das zu einem der berühmtesten seiner Zunft werden sollte. Im August 1921 wurde der Grundstein für ein Werk in Genthin gelegt. Von hier aus konnten der Berliner Raum, die mitteldeutsche Region sowie die ostdeutschen Provinzen erreicht werden. Bereits am 1. März 1923 nahm das Werk die Produktion auf und entwickelte sich zu einem weiteren wichtigen Arbeitgeber für die Region. Gut 400 Mitarbeiter hatte die Produktionsstätte für Wasch- und Reinigungsmittel. Nach den Rezepturen aus dem Düsseldorfer Stammwerk wurden u.a. Persil, Bleichsoda, Sil, Ata, später der Industriereiniger P3 für Landwirtschaft und Industrie hergestellt. Das Werk überdauerte die Jahrzente, selbst die DDR.

Der Volkseigene Betrieb Waschmittelwerk Genthin stellte Tenside, Waschmittel, Industriereiniger und Scheuermittel her.1968 kam eine Spezial-Entwicklung als Waschmittel auf den Markt, kurz Spee. Nach dem Ende der DDR kehrte Henkel für ein paar Jahre an den einstigen Standort zurück. 2009 ging das Werk an den HANSA-Konzern, 2014 schlossen sich die Türen des

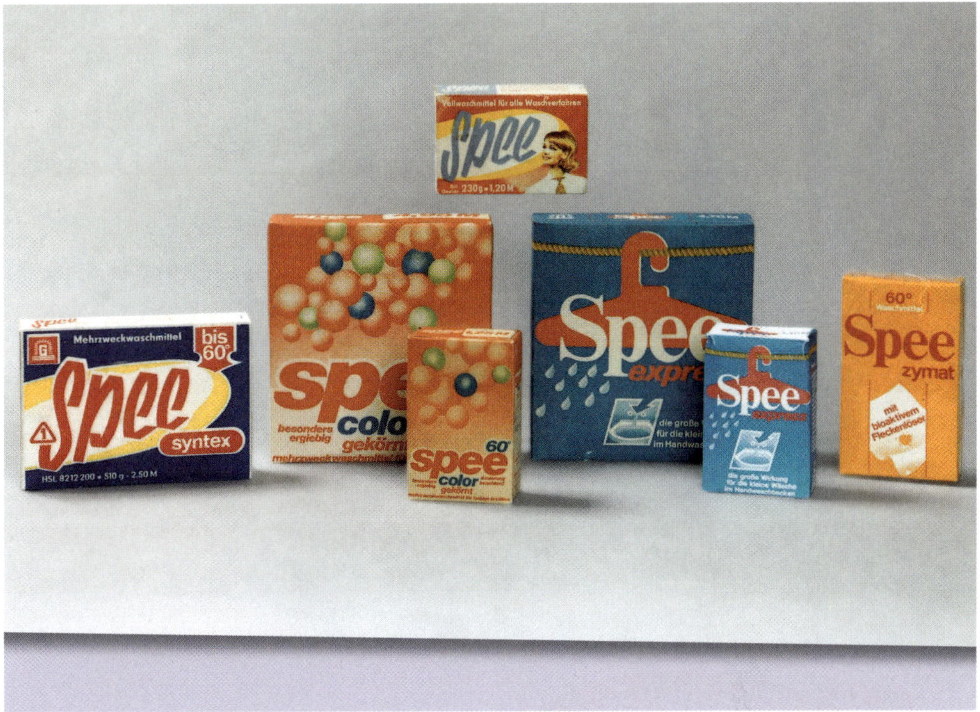

Betriebs zum letzten Mal. Geblieben ist Spee als Marke von Henkel. Und in Genthin steht seit 1994 auf dem Marktplatz eine historische Persiluhr mit der berühmten „Dame in Weiß“. Sie erinnert an die langjährige Tradition der Waschmittelproduktion.

Süßes à la DDR

LECKERMÄULCHEN

Das Mädchen mit den Zöpfen seit eh und je auf den Packungen von Leckermäulchen.

In den 1970er-Jahren gab es im Delikat und im Intershop zunehmend Westprodukte. Da lockten mit Schokolade überzogene Cornflakes und andere Leckereien. Alternativen aus der DDR waren rar, vor allem bei den Süßwaren. Auch wenn es traditionelle Schokoladenbetriebe wie „ZETTI" in Zeitz und Rotstern in Saalfeld gab, der durchschlagende Erfolg fehlte. Rohstoffe waren knapp und so musste viel improvisiert werden. Mit der seit 1959 im Fernsehen ausgestrahlten Gutenachtgeschichte vom „Sandmännchen" kam eine Idee. Ab 1970 produzierte ZETTI kleine Schokoladentäfelchen zu 10 g und 25 g u. a. mit Motiven aus dem „Sandmännchen". 1974 liefen in Zeitz zum ersten Mal die Knusperflocken aus Schokolade und Knäckebrot vom Band. Wenn sich die DDR keine teuren West-Cornflakes leisten konnte, dann setzten die Produktentwickler eben auf zerbröseltes Knäckebrot.

Der Klassiker Leckermäulchen mit Vanillegeschmack.

Das Institut für Milchforschung Oranienburg hatte den Auftrag, ein Dessert aus Quark auf den Markt zu bringen. Gemeinsam mit dem Milchhof Weißenfels und anderen Molkereien entwickelten sie ein neues Produkt und 1979 kam eine aufgeschäumte Quarkcreme in die Warenregale der DDR.

Das Dessert „Leckermäulchen“ bestand aus Quark, Zucker und Schlagsahne. Frische Früchte oder Marmelade fehlten weitestgehend und so gab es halt Zitrone und Vanille als Aromen. Wie aber kiloweise Sahne luftig schlagen und den ganzen Quark verarbeiten? Es fand sich eine Lösung mit einer speziellen Maschine, die extra für „Leckermäulchen“ konstruiert wurde. Die Verpackung des „Leckermäulchens“ war schlicht, viele Gestaltungsmöglichkeiten gab es nicht. Der Deckel war silberfarben mit einem fröhlich-frechen Mädchen mit schwarzen Zöpfen.

Nach dem Ende der DDR musste das „Leckermäulchen“ unter dem neuen Hersteller ganze fünf Jahre pausieren. Das Warten hat sich gelohnt. Jetzt werden viele Sorten der Milchquark-Mahlzeit aus Weißenfels angeboten. Die Werbefigur, das lustige Mädchen, gibt es nach wie vor, nur seit 1995 mit einer grauen Haarfarbe. Warum, das verrät der Hersteller auf seiner Webseite nicht. Die Verpackungen wurden überarbeitet, nun sind die Zöpfe grau und das bleibt auch so.

Die Zauberwatte

DEUREX® PURE

Manchmal sind es Zufälle im Leben, die einen Chemiker zu großem Erfolg verhelfen. Günter Hufschmid, Chef der Firma Deurex aus Elsteraue im Chemiepark Zeitz, ist eigentlich Produzent von Spezialwachsen. 2010 entstand durch Zufall eine Watte, die sich in der Folge als Superschwamm, der Öl und Chemikalien bindet, entpuppte. 2013 begann die Produktion von DEUREX® PURE.

Günter Hufschmid erhielt mit seiner Firma Deurex den Europäischen Erfinderpreis 2017, Kategorie: Kleine und mittlere Unternehmen (KMU). Der Innovationspreis in Europa wird seit 2006 jährlich vom Europäischen Patentamt (EPA) verliehen. Das Europäische Patentamt schreibt zur Begründung des Preises: „Dank einer zufälligen Entdeckung hat die Welt eine neue Superwaffe im Kampf gegen Ölteppiche und chemische Verschmutzungen.“

Die Zauberwatte saugt Öl auf. 100 Kilo Deurex® Pure binden 600 Liter Öl. Die Watte wird in netzartigen Schläuchen oder Säcken verpackt und kann, nachdem sie sich vollgesogen hat, von der Wasseroberfläche entfernt werden. Selbst auf hoher See (man denke nur an die Umweltkatastrophen!) in der Umgebung einer Ölplattform oder in einer Autowerkstatt. Es gibt viele

Verwendungsmöglichkeiten. Das synthetische Wachs wurde von Günter Hufschmid und seinem Team entwickelt.

Die ökologischen Vorteile von DEUREX® PURE, das in die „Liste der geprüften Ölbindemittel“ aufgenommen wurde, liegen auf der Hand. Es bleiben keine Rückstände des Produktes im Wasser. Das Grundwasser wird geschützt, da DEUREX® PURE dauerhaft auf dem Wasser schwimmt. Inzwischen ist der Vertrieb von DEUREX® PURE als vielseitig einsetzbares Öl- und Chemikalienbindemittel gestartet. Auf einer eigenen Facebookseite gibt es regelmäßig aktuelle Informationen in Wort und Bild zum Einsatz der „Zauberwatte“.

Günter Hufschmid mit seiner „Zauberwatte“ DEUREX® PURE

Günter Hufschmid, 1 kg DEUREX® PURE bindet 6,55 l Öl.

Intelligente Schuhsohle

SMART PREVENT DIABETIC FEET

Über 60 Jahre Hochschulmedizin, das macht die Universitätsklinik in Magdeburg aus. Forschung und neue Produkte stehen regelmäßig im Focus. Im Rahmen des Forschungsverbundes „Autonomie im Alter“, finanziert mit Fördermitteln, ist aktuell das Projekt „Smart Prevent Diabetic Feet“ in der Testphase. Zielgruppe sind Diabetiker, die Nervenschädigungen an den Füßen haben, was zu Entzündungen und Durchblutungsstörungen führt. Fußgeschwüre und Amputationen sind meist die Folge. Mithilfe der „intelligenten Sensor-Einlegesohle für den Diabetiker“, die Druck und Temperatur misst, können Fehlbelastungen frühzeitig erkannt werden. Die Hightec-Schuheinlage hat die Uniklinik Magdeburg gemeinsam mit einem regionalen Industriepartner entwickelt. Wie die handelsübliche Sohle für Diabetiker hat auch sie die empfohlene Weichbettung.

Die Klinik hat die intelligente Einlegesohle in Vorstudien erfolgreich getestet. Zum März 2018 ist das Projekt in eine neue Phase gestartet. 150 Patienten werden für zwei Jahre die Schuheinlage im häuslichen Umfeld testen. Während der Studie arbeitet die Uniklinik mit den Industriepartnern und ausgewählten diabetologischen Praxen der Region zusammen.

Noch ist die Schuheinlage für Diabetiker auf dem Markt nicht erhältlich. Nach erfolgreicher Studie soll dieses Hilfsmittel Betroffene unterstützen, die Gesundheit ihrer Füße zu kontrollieren und Schäden abzuwenden.

Studentischer Erfindergeist

DER MEDIZINISCHE HANDSCHUH MEDIGLOVE

Die Hochschule Anhalt bietet an ihrem Standort in Dessau ein Design-Studium mit freien Wahl- und Kombinationsmöglichkeiten. Hier geht es vor allem um die Inspiration durch das Bauhaus, kombiniert mit den Anforderungen des 21. Jahrhunderts. Mit dem Förderprojekt „ego.-Inkubator“ des Landes Sachsen-Anhalt soll unternehmerischen Gründungen aus der Hochschule heraus ein Weg geebnet werden.

Das Design-Projekt „MediGlove“ entstand durch Philipp Rösler und Thomas Kores im Studiengang Bachelor Integriertes Design. Mit ihrem Betreuer Prof. Hermann Klöckner konnten sie einen hochtechnologisierten Handschuh entwickeln. Mit „MediGlove“ ist es möglich, einige traditionelle medizinische Untersuchungs-Instrumente wie Stethoskop, Pulsmesser und

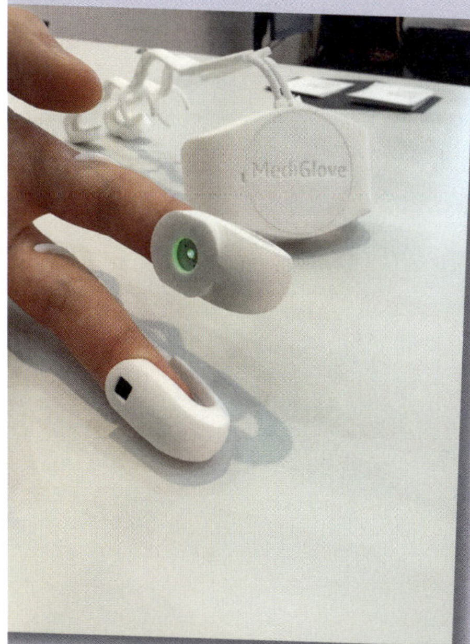

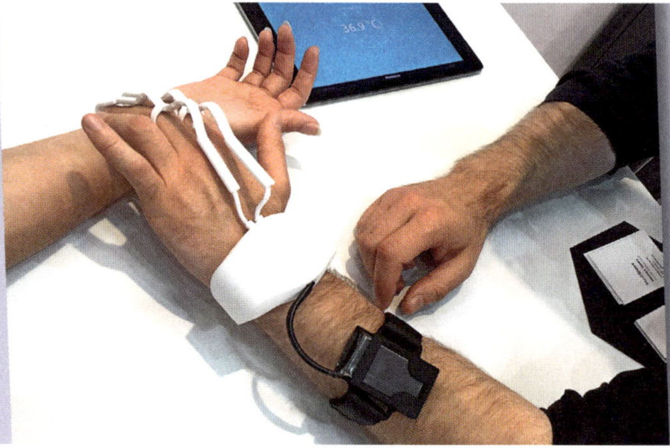

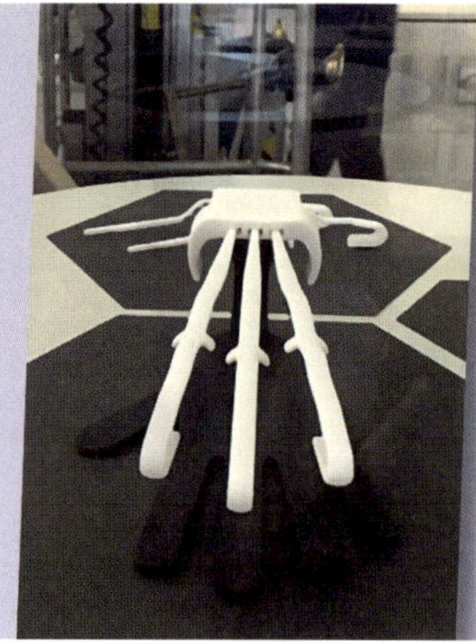

Thermometer durch sensible Sensortechnik zu ersetzen. Alles ist in einem Handschuh vereint. Der Arzt oder das medizinische Personal legt den Handschuh am Patienten an und wählt den gewünschten Sensor aus. In kurzer Zeit sind so Messwerte für den Blutdruck oder die Temperatur ermittelt. In der natürlichen Geste des Handauflegens am Patienten sehen die Designer eine positive Wirkung. Gerade bei älteren Menschen und Kindern baue dies Stress ab. Zudem lassen sich die Messwerte gleich in der digitalen Krankenakte abspeichern.

Der hochtechnologisierte Handschuh fand schnell Anerkennung. Mit dem Projekt MediGlove waren Philipp Rösler und Thomas Kores zusammen mit der Firma „mm1 Consulting & Management PartG“ die Erstplatzierten des Landeswettbewerbes BESTFORM 2015. Auf der Hannover Messe 2016 konnten die Designer erstmalig einen voll interaktiven Prototyp der neuesten Generation vorstellen. Ein transdisziplinäres Team hat den MediGlove zunächst weiterentwickelt. Der Weg bis zur Marktreife des Produkts ist aber noch weit und muss so manche Hürde nehmen. Aktuell liegt das Projekt auf Eis.

Die BURG

MÖBEL FÜR MENSCHEN

„Platz da!" Spielzeug, Gebautes und Gebasteltes wird blitzschnell verstaut, zwischengeparkt, zur Schau gestellt, geordnet und gelagert!

Die Burg Giebichenstein Kunsthochschule Halle, kurz BURG, blickt auf eine über 100-jährige Tradition zurück. Der Möbeldesigner und Hochschullehrer Rudolf Horn, geboren 1929, prägte die BURG 30 Jahre lang bis Ende der 1990er-Jahre. Als Hochschullehrer konfrontierte Rudolf Horn seine Studenten mit der zentralen Frage: „Für wen machst du das?" Und so entstanden zahlreiche Möbelstücke, die sich am Nutzer orientierten, der in den Prozess der Gestaltung integriert wurde.

Am Institut für Möbel- und Ausbaugestaltung an der Hochschule für industrielle Formgestaltung Halle entwickelte ein Kollektiv unter der Führung von Rudolf Horn das MDW-Programm (Möbelprogramm). Allseits bekannt als Hellerau-Möbel, kamen sie 1967 auf den Markt.

Viel Stauraum und Teile, die sich flexibel verschieben lassen, das waren Möbel Marke Hellerau. Für Rudolf Horn war es wichtig, keine fertigen Möbel zu produzieren. Der Nutzer gestaltete seine Schrankwand selbst und passte sie seinen Bedürfnissen an. In den genormten Wohnungen des Plattenbaus blieb damit die Möglichkeit der individuellen Gestaltung. Das MDW-Programm setzte sich durch, obwohl es von der DDR-Regierung, die die „Bretter“ für ihre Werktätigen eigentlich nicht wollten, nicht unterstützt wurde. Der DDR-Bürger kaufte die variablen Hellerau-Möbel für Wohn-, Schlaf-, Arbeits-, Jugend- und Eingangsbereiche.

Der nutzerorientierte Grundgedanke Rudolf Horns lebt weiter. Über 1000 Studierende aus aller Welt besuchen die Universität mit ihrer Kombination aus Hochschule für Gestaltung, einer Kunstakademie und einer Medienhochschule. In gut ausgestatteten Ateliers und Werkstätten können die Studierenden ihre Kreativität optimal entfalten. Regelmäßig präsentiert die BURG die Arbeitsergebnisse

Der Design-Papst vor der Schrankwand in seiner Wohnung in Leipzig.

ihrer Studierenden auf Messen und in Ausstellungen. Die Studienrichtung Spiel- und Lerndesign stellte 2016 auf der Internationalen Möbelmesse, Mailand, SaloneSatellite Kindermöbel der extravaganten Art vor. „PLAY – Children’s Furniture as a Material of Imagination“, so der Titel des Projekts. Acht Studierende haben Möbel wie Bett, Regal, Tisch, Stuhl aber auch Lampen kindgerecht entwickelt. Alle Möbel sind aus Holz, abgesetzt mit der warmen Farbe gelb. Das Bett „aufgeweckt“ mit einem Dach aus Stoff, lädt zum Wohnen, Theaterspielen, Einkaufen, Schlafen und Träumen ein. Die mobile Lampe „on/off“ ist ein echtes Allroundtalent, mit ihr können Kinder ausleuchten, mitnehmen, stapeln und spielen. Das Ensemble aus Tisch und Stuhl „Kipp & Klar“ spart Platz und ruck, zuck ist alles weg und aufgeräumt.

Messung der Hirnströme

EEG HEADSET

Das drahtlose EEG-Headset, die F1-Haube, hat die Firma Nielsen Tele Medical GmbH mit den Neurologen der Medizinischen Fakultät der Universität Magdeburg entwickelt und medizinisch erprobt. Hierzu wurde 2016 eigens ein Unternehmen gegründet und es entstand eine Forschungskooperation zwischen Wissenschaft und Wirtschaft. Erstmals vorgestellt 2016, folgte eine zweijährige Anwendungsbeobachtung Home^{2}B+ mit dem EEG-Headset bei rund 500 Patienten. Die Messung der Hirnströme erfolgt via Home-Monitoring. Die Daten werden direkt in die Arztpraxis übermittelt. Gefördert durch das EFRE-Programm „Autonomie im Alter", konnten schließlich niedergelassener Ärzte aus der Region in das Projekt einbezogen werden.

Mit dem EEG-Headset wird die neurologische Diagnose und Behandlung insbesondere älterer Menschen effizienter. Einerseits senkt es Kosten, andererseits lassen sich neurologische Veränderungen im Alltag des Patienten erkennen. Durch regelmäßige Treffen der Ärzte und Ingenieure lässt sich die Haube stetig verbessern und optimieren. Noch ist das EEG in der Phase der Entwicklung, aber der bedeutende Nutzen für die Patienten ist bereits deutlich geworden.

Frau Anne-Katrin Baum, leitende MTAF der Klinik für Neurologie Magdeburg, mit einer Mutter und ihrem Kind während der langen Nacht der Wissenschaft.

WEITERE BÜCHER AUS DER REGION

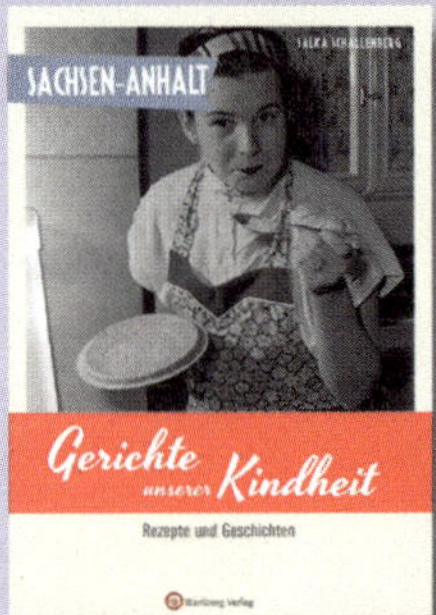

Sachsen-Anhalt
Gerichte unserer Kindheit
Rezepte und Geschichten
Salka Schallenberg
128 Seiten, zahlreiche Fotos
ISBN 978-3-8313-2982-3

Aufgewachsen in Magdeburg
in den 40er und 50er Jahren
Manfred Zander
64 Seiten, zahlr. Fotos
ISBN 978-3-8313-2013-4

Harz – 1000 Freizeittipps
Ausflugsziele, Sehenswürdigkeiten,
Sport, Kultur, Veranstaltungen
Roland Lange, Christian Dolle
176 Seiten, zahlr. Fotos
ISBN 978-3-8313-2894-9

Geh'n wir bummeln auf dem breiten Weg
Geschichten und Anekdoten aus dem alten Magdeburg
N. Gröschner, F. Kornfeld, H. Rasenberger
80 Seiten, zahlr. Fotos
ISBN 978-3-8313-1810-0

Wartberg-Verlag GmbH

Im Wiesental 1
D - 34281 Gudensberg-Gleichen
Telefon: +49 (0) 56 03 / 93 05 - 0
Telefax: +49 (0) 56 03 / 93 05 - 28
E-Mail: info@wartberg-verlag.de
www.wartberg-verlag.de

Noch mehr Lesevergnügen
- über Ihre Stadt oder Region
- über Kindheitserinnerungen
- über Ihren Jahrgang
- mit regionalen Rezepten

finden Sie unter:

www.wartberg-verlag.de